中等职业教育新课程改革丛书

常用工具软件

（计算机网络技术专业）

主　编　范铭慧

電子工業出版社
Publishing House of Electronics Industry
北京 • BEIJING

内 容 简 介

随着计算机技术的飞速发展，尤其是网络技术的广泛应用，计算机已经深入到各行各业。掌握计算机基本应用已经成为21世纪基本生存技能之一，而且相关的要求会越来越高。数不清的各种应用软件把我们的计算机世界点缀得多姿多彩，其内容也涉及计算机应用的各个方面，如对图片、视频的简单处理，网络的基本维护，操作系统的防护与优化等。

为了方便教师使用，本书配备了内容丰富的教学资源包，包括素材、电子教案等。本书适用于中等职业学校计算机及相关专业。

图书在版编目（CIP）数据

常用工具软件 / 范铭慧主编. —北京：电子工业出版社，2014.6
（中等职业教育新课程改革丛书）
计算机网络技术专业

ISBN 978-7-121-22702-8

Ⅰ. ①常… Ⅱ. ①范… Ⅲ. ①软件工具—中等专业学校—教材 Ⅳ. ①TP311.56

中国版本图书馆 CIP 数据核字（2014）第 056236 号

策划编辑：肖博爱
责任编辑：郝黎明
印　　刷：北京七彩京通数码快印有限公司
装　　订：北京七彩京通数码快印有限公司
出版发行：电子工业出版社
　　　　　北京市海淀区万寿路 173 信箱　邮编　100036
开　　本：787×1 092　1/16　印张：8.25　字数：211.2 千字
版　　次：2014 年 6 月第 1 版
印　　次：2021 年 6 月第 9 次印刷
定　　价：20.00 元

凡所购买电子工业出版社图书有缺损问题，请向购买书店调换。若书店售缺，请与本社发行部联系，联系及邮购电话：（010）88254888，88258888。

质量投诉请发邮件至 zlts@phei.com.cn，盗版侵权举报请发邮件至 dbqq@phei.com.cn。

本书咨询联系方式：（010）88254617，luomn@phei.com.cn。

前言

随着个人计算机的不断普及，各种常用工具软件的应用也日益普遍。利用这些软件可以更充分地发挥计算机的潜能，使用户操作和管理个人计算机更加方便、安全和快捷。

本课程具有很强的理论性和实践性，是本专业学生在学习专业方向课程之前必须学习的基础性核心课程。内容围绕《通用网络技术》专业核心课程目标，强调实用性和操作性，采用学习单元与工作活动的编排方式，体现中等职业教育的特点，反映时代特征与专业特色，遵循中等职业教育学生的心理特征、知识认知与技能形成规律和职业成长规律，满足学生学习的需求，支撑行动导向的教学。

本书是面向中等职业学校学生编写的计算机常用工具软件入门教材，书中精选当前各类工具软件中最常见、最好用的软件作为讲解对象，力求让学生可以熟练、快捷地应用这些软件。考虑到中等职业学校学生的水平和特点，本书注重突出以下特色：

1．在具备一定的知识系统性和知识完整性的情况下，突出中等职业教育的特点。

2．使用任务驱动、项目教学的方式，让学生零距离接触所学知识，拓展学生的职业技能。

3．按照中等职业教育的教学规律和学生认知特点讲解各个知识点，选择大量与知识点紧密结合的案例。

4．注重培养学生的学习兴趣、独立思考能力、创造性和再学习能力。

本课程的教学时数为36课时。

单元序号	学习单元名称	课时安排
学习单元1	体验系统管理	8
学习单元2	成为网络高手	12
学习单元3	应用多媒体工具	14

本书由范铭慧主编，由于编者水平有限，书中难免有疏漏之处，敬请各位老师和同学指正。

编　者

前言

目 录

学习单元1 体验系统管理

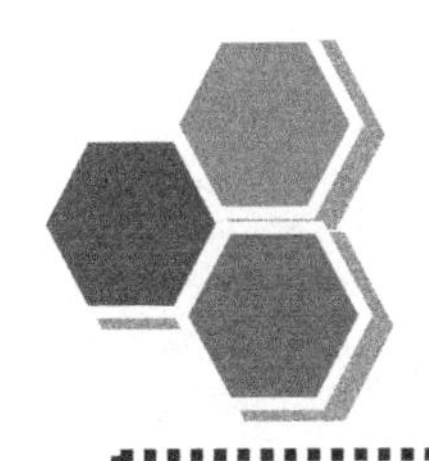

课程目标

1. 具备能够根据工作任务的实际需求选择适用、经济工具软件的能力；
2. 具备独立或借助软件说明或帮助文档安装工具软件的能力；
3. 具备常用工具软件的使用能力；
4. 具备运用工具软件解决网络技术中简单问题的能力；
5. 具有软件知识产权保护意识；
6. 具有安全意识和服务意识。

[单元学习目标]

- **知识目标**
  1. 了解计算机维护与管理的基本知识；
  2. 熟练掌握几种常用的系统工具软件；
  3. 提高学生管理计算机、维护计算机和使用计算机的能力。
- **能力目标**
  1. 具有独立安装和使用系统工具软件的操作本领；
  2. 具有维护与管理计算机系统的基本能力；
  3. 具有熟练使用系统工具软件进行计算机常见故障的检测与排除的基本能力。
- **情感态度价值观**
  1. 通过学习使学生具有热爱专业，刻苦钻研的精神；
  2. 初步具有时间观念、工作效率意识；
  3. 初步具有软件知识产权保护意识。

[单元学习内容]

学习工具软件基本知识，包括：软件的分类、软件的版本、软件的产权保护、软件的获取途径、软件的安装、软件的卸载等。学习文件处理工具软件、磁盘工具软件、系统优化与维护工具软件、光盘工具软件等。

[工作任务]

工作任务1　选择、安装软件

【任务描述】

学生通过上网查找资料，了解软件有关知识，掌握软件下载的正确方法和途径，并能够独立下载、安装杀毒软件。

【学习情境】

学校的三机房由于设备比较陈旧，使用周期长，出现了运行慢、易死机等问题，需要学生讨论得出解决方法并执行完成。

【学习方式】

◇　根据工作情境，学生分析讨论，列出解决问题可能的几种方法。

◇　活动形式：学生根据教师的提示，上网搜索相关内容，并填写工作任务单。

【工作流程】

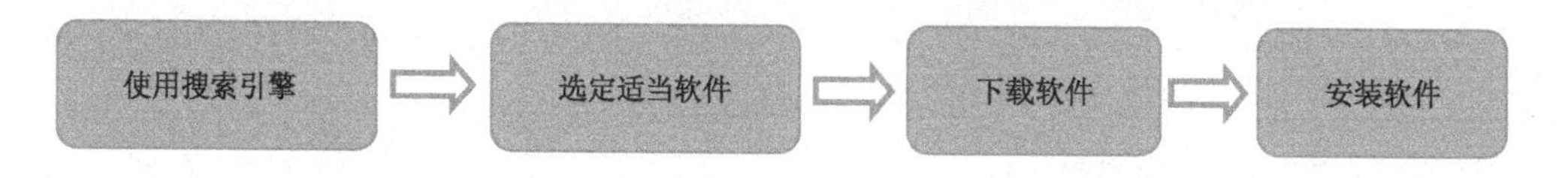

【操作步骤】

1．使用 Baidu 或 Google 搜索引擎查找所需杀毒软件。

2．使用迅雷下载杀毒软件到本地硬盘。

3．正确安装软件，并运行。

知识解析

一、搜索引擎

搜索引擎是对互联网上的信息资源进行搜集整理后供你查询的系统，它包括信息搜集、信息整理和用户查询三个部分。搜索引擎利用策略在互联网中搜索信息，并执行理解、提取、组织和处理等操作，为用户提供检索服务，最终起到信息导航的目的。

常用的搜索引擎（图 1-1）：

- 百度（http://www.baidu.com）
- Google（http://www.google.com）
- 搜狐（http://www.sohu.com）
- 新浪（http://www.sina.com.cn）

图 1-1　常见搜索引擎

1．你会用搜索引擎吗？

搜索引擎是一个系统，能从大量信息中找到所需的信息，提供给用户。从互联网出现到现今，信息量可以说成幂指数增长，大量信息就像 Google 的原本含义一样“1 的后面跟着 100 个 0”，这个数比宇宙所有的基本粒子的数量总和还要大。在这浩如烟海的信息中怎么才能找到自己需要的信息呢？搜索引擎就像一只神奇的手，从杂乱的信息中抽出一条清晰的检索路径。

目前的 Baidu、Google 提供的是一种整个互联网的全文搜索，这种整合信息的搜索也称为水平搜索。这种水平全文搜索固然可以把网络中的所有相关信息提供给用户，但这种“所有”不代表是用户所需的“所有”，往往夹杂着许多“垃圾”信息。

搜索引擎是一种用于帮助互联网用户查询信息的搜索工具，它以一定的策略在互联网中搜集、发现信息，对信息进行理解、提取、组织和处理，并为用户提供检索服务，从而起到信息导航的目的。

2．怎样搜得更快更好？

“工欲善其事，必先利其器”。每种搜索引擎都有不同的特点，只有选择合适的搜索工具才能得到最佳的结果。

网页检索实际上是网页的完全索引。分类目录则是由人工编辑整理的网站链接。这两种搜索工具究竟哪种更好用？这取决于我们想查询的问题。因为搜索引擎的特点是量大，分类目录的特点是网站是经过挑选的。一般而言，如果我们需要查找非常具体或者特殊的问题，用网页检索比较合适；如果我们希望浏览某方面的信息、专题或者查找某个具体的网站，分类目录可能会更合适。

此外，如果我们需要查找的是某些确定的信息，比如 MP3、地图等，就最好使用专门的 MP3、地图等搜索引擎，如图 1-2 所示。

图 1-2　百度详细搜索引擎

二、软件知识产权

网上的软件很多，如果认为只要上网能够搜到，能够下载的就可以随便使用，那这可就违法了。

软件的开发成本相当昂贵。软件的研制工作需要投入大量的、复杂的、高强度的脑力劳动，最终才能研制成功，因此软件是受知识产权保护的。如果没有得到授权就擅自进行复制使用，就是盗版，是侵权行为，严重的将受到法律制裁。当然有些软件是免费软件，不需要授权，我们可以随意使用。

共享软件是以“先使用后付费”的方式销售的享有版权的软件。根据共享软件作者的授权，用户可以从各种渠道免费得到它的复制，也可以自由传播它。用户总是可以先使用或试用共享软件，认为满意后再向作者付费；如果你认为它不值得你花钱购买，可以停止使用。

什么是共享软件注册？共享软件在未注册之前通常会有一定的功能限制，如使用时间限制、次数限制、功能不完全等。用户在试用共享软件认为满意后，可以通过本站向软件作者支付一定的注册费用，获得该软件相应版本的使用授权，即成为正式版用户。根据相应共享软件开发者的承诺，正式版用户可以享受到相应的待遇，包括：版本升级、技术服务、疑问解答等。免费软件有广告，不用钱，无限制，但要杀毒。

三、下载工具软件

下载的最大问题是什么——速度，其次是什么——下载后的管理，一个优秀的下载工具在这方面都会给予支持。下面介绍几款比较流行的下载工具。

1．网际快车 FlashGet

FlashGet 是目前使用人数较多的下载软件之一。它采用多服务器超线程技术、全面支持多种协议，具有优秀的文件管理功能，如图 1-3 所示。

FlashGet 通过把一个文件分成几个部分同时下载可以成倍地提高下载速度，下载速度可以提高 100%～500%。网际快车可以创建不限数目的类别，每个类别指定单独的文件目录，不同的类别保存到不同的目录中去，强大的管理功能包括支持拖曳，更名，添加描述，查找，文件名重复时可自动重命名等。而且下载前后均可轻易管理文件。

2．迅雷

迅雷使用的多资源超线程技术基于网格原理，能够将网络上存在的服务器和计算机资源进行有效的整合，构成独特的迅雷网络，通过迅雷网络各种数据文件能够以最快速度进行传递。多资源超线程技术还具有互联网下载负载均衡功能，在不降低用户体验的前提下，迅雷网络可以对服务器资源进行均衡，有效降低了服务器负载。迅雷使用的多资源超线程技术基于网格原理，能够将网络上存在的服务器和计算机资源进行有效的整合，构成独特的迅雷网络，通过迅雷网络各种数据文件能够以最快的速度进行传递，如图 1-4 所示。

多资源超线程技术还具有互联网下载负载均衡功能，在不降低用户体验的前提下，迅雷网络可以对服务器资源进行均衡，有效降低了服务器负载。但是广告多，导致计算机速度慢是其最大的缺陷。

3．超级旋风

超级旋风是腾讯公司出版的一种多任务下载软件，由原腾讯 TT 浏览器中独立出来的版本。超级旋风支持多个任务同时进行，每个任务使用多地址下载、多线程、断点续传、线程连续调度优化等。如图 1-5 所示。

图 1-3　网际快车

图 1-4　迅雷

图 1-5　超级旋风

[工作任务单]

工作任务 1　选择、安装软件

任务名称	选择、安装软件
任务描述	学生通过上网查找资料，了解软件有关知识，掌握软件下载的正确方法和途径，并能够独立下载、安装杀毒软件
学习目标	知识目标： 了解常用软件的下载方法及下载工具。 能力目标： 1．掌握正确使用搜索引擎的方法。 2．掌握软件下载的正确方法和途径
考核内容	1．在规定时间内查找并完成上网查找“软件知识”的资料并整理（至少 800 字）。 2．杀毒软件的正确下载及安装

续表

<table>
<tr><td rowspan="2">工作过程</td><td colspan="3">1．什么是正版软件？
2．什么是盗版软件？
3．什么是免费软件？
4．什么是搜索引擎？
5．你知道哪些常用的搜索引擎？
6．你会用搜索引擎吗？怎样搜得更快、更好呢？
7．为什么要使用下载工具？
8．常用的下载工具软件有哪些？都有什么特点？</td></tr>
<tr><td colspan="3">请下载任一款常用杀毒软件，并进行安装，下载、安装过程用 PrintScreen 抓图，保存在 C:\桌面\学生文件夹下，学生文件夹用班级+姓名命名，并上传至教师机（图片命名方式为学号-01，学号-02……例如 090105-01）</td></tr>
<tr><td colspan="4">本节课学习体会：</td></tr>
<tr><td rowspan="3">学生自评</td><td>优秀</td><td>良好</td><td>合格</td></tr>
<tr><td>1．能够很好地遵守教学课堂纪律、上机纪律，遵守《机房注意事项》，服从老师的管理；
2．能够很好地完成工作任务单；
3．初步具有软件知识产权保护意识；
4．在给定的时间内能独立、正确使用工具软件完成工作任务</td><td>1．能够较好地遵守教学课堂纪律、上机纪律，遵守《机房注意事项》，服从老师的管理；
2．能够较好地完成工作任务单；
3．初步具有软件知识产权保护意识；
4．在给定的时间内在老师的指导下，正确使用工具软件完成工作任务</td><td>1．能够基本遵守教学课堂纪律、上机纪律，遵守《机房注意事项》，服从老师的管理；
2．能够基本地完成工作任务单
3．初步具有软件知识产权保护意识；
4．在给定的时间内能在老师的指导下，基本完成工作任务</td></tr>
<tr><td></td><td></td><td></td></tr>
</table>

[工作任务]

工作任务2 系统测试、优化

【任务描述】

学生通过上网查找有关系统测试与优化必要性的资料，归纳系统测试、优化软件的安装及使用方法。

【学习情境】

计算机在不断地使用过程中，会产生一些垃圾文件，或者有时系统出现问题，导致计算机运行缓慢，需要找出适当的方法来解决。

【学习方式】

◇ 活动形式：小组合作，根据教师的提示，上网搜索相关内容，并填写工作任务单。

【工作流程】

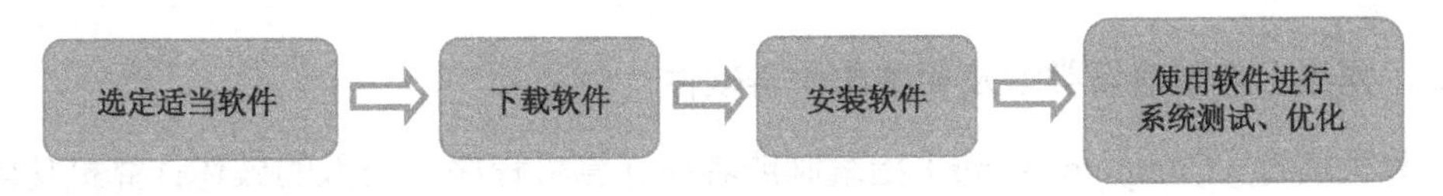

【操作步骤】

1．下载“超级兔子”软件，并将该软件解压缩；

2．安装“超级兔子”软件，对系统进行优化；

3．查看优化后计算机有哪些变化。

知识解析

一、文件压缩工具软件

我们在网上下载文件时或是日常操作过程中，都会碰到以.zip、.rar为扩展名的文件，或者有些文件太大不利于传输，这时我们就需要用到文件压缩工具。下面介绍两款最常用的压缩软件。

1．WinRAR

WinRAR被认为是现在最好的压缩工具之一，其界面友好，使用方便，在压缩率和速度方面都有很好的表现。WinRAR的特性包括强力压缩、多卷操作、加密技术、自释放模块、备份简易等。与众多的压缩工具不同的是，WinRAR沿用了DOS下程序的管理方式，压缩文件时不需要事前创建压缩包然后向其中添加文件，而是可以直接创建，此外，把一个软件添加到一个已有的压缩包中，也非常轻松，给人在使用上带来方便。对文件进行压缩和解压的操作，在右键菜单中的功能就足以胜任了，一般不用在WinRAR的主界面中进行操作。WinRAR还采用了独特的多媒体压缩算法和紧固式压缩法，更提高了其压缩率，它默认的压缩格式为RAR，该格式压缩率要比ZIP格式高出10%～30%，同时它也支持ZIP、ARJ、CAB、LZH、ACE、TAR、GZ、UUE、BZ2、JAR类型压缩文件。是现在压缩率较大、压缩速度较快的格式之一，如图 1-6 所示。

2．WinZip

目前压缩和解压缩 ZIP 文件的工具很多，著名的 ZIP 压缩文件管理器——WinZip7.0 就是其中之一，是最老牌的压缩解压缩工具，它有操作简便、压缩运行速度快等显著优点。WinZip 是一种支持多种文件压缩方法的压缩解压缩工具，几乎支持目前所有常见的压缩文件格式。WinZip 还全面支持 Windows XP 中的鼠标拖曳操作，用户用鼠标将压缩文件拖曳到 WinZip 程序窗口，即可快速打开该压缩文件。同样，将欲压缩的文件拖曳到 WinZip 窗口，便可对此文件压缩，如图 1-7 所示。

图 1-6　WinRAR

图 1-7　WinZip

二、网络上典型病毒类型及相关的杀毒软件

计算机病毒（Computer Virus）指编制或者在计算机程序中插入的破坏计算机功能或者破坏数据，影响计算机使用并且能够自我复制的一组计算机指令或者程序代码。计算机病毒的特点是：计算机病毒是人为的特制程序，具有自我复制能力，具有很强的感染性，一定的潜伏性，特定的触发性和很大的破坏性。按照计算机病毒存在的媒体进行分类。根据病毒存在的媒体，病毒可以划分为网络病毒、文件病毒、引导型病毒。网络病毒通过计算机网络传播感染网络中的可执行文件。

1．网络上典型病毒类型

➢　“蠕虫”型病毒

“蠕虫”型病毒通过计算机网络传播，不改变文件和资料信息，利用网络从一台机器的内存传播到其他机器的内存，计算网络地址，将自身的病毒通过网络发送。有时它们在系统存在，一般除了内存不占用其他资源。蠕虫病毒信手拈来，如库尔尼科娃、Sircam、红色代码、蓝色代码、本拉登等。

➢　“木马”型病毒

木马是指通过一段特定的程序（木马程序）来控制另一台计算机。木马通常有两个可执行程序：一个是客户端，即控制端，另一个是服务端，即被控制端。植入被种者计算机的是“服务器”部分，而所谓的“黑客”正是利用“控制器”进入运行了“服务器”的计算机。运行了木马程序的“服务器”以后，被种者的计算机就会有一个或几个端口被打开，使黑客可以利用这些打开的端口进入计算机系统，安全和个人隐私也就全无保障了！木马的设计者为了防止木马被发现，而采用多种手段隐藏木马。木马的服务一旦运行并被控制端连接，其控制端将享有服务端的大部分操作权限，例如给计算机增加口令，浏览、移动、复制、删除文件，修改注册表，更改计算机配置等。

随着病毒编写技术的发展，木马程序对用户的威胁越来越大，尤其是一些木马程序采用了极其狡猾的手段来隐蔽自己，使普通用户很难在中毒后发觉。如网络游戏木马、网银木马“网银大盗”、即时通信软件木马“QQ龟”和“QQ爱虫”、网页单击类木马、下载类木马“灰鸽子”、“黑洞”等。

2．杀毒软件

➢ 瑞星杀毒软件

瑞星杀毒软件2009华军专版（免费3个月）无须输入序列号，安装之后即可使用，免费3个月。

木马入侵拦截——网站拦截（杀毒软件）：通过对恶意网页行为的监控，阻止木马病毒通过网站入侵用户计算机，将木马病毒威胁拦截在计算机之外。

木马入侵拦截——U盘拦截（杀毒软件）：通过对木马病毒传播行为的分析，阻止其通过U盘、光盘等入侵用户计算机，阻断其利用存储介质传播的通道。木马行为防御（杀毒软件）：通过对木马等病毒的行为分析，智能监控未知木马等病毒，抢先阻止其偷窃和破坏行为。

➢ 卡巴斯基反病毒软件

卡巴斯基反病毒软件2010为计算机提供了基本的保护工具，要完整保护计算机，建议选用一款防火墙来与卡巴斯基反病毒软件联合保护系统安全。

3．培养防毒意识，预防网络病毒

纵观全球病毒的发展，不难发现病毒一个比一个厉害，一个比一个恶毒，令人防不胜防，只要你接入Internet，不经意之间就有可能染上病毒而浑然不知。

现在人们还没有养成定期进行系统升级、维护的习惯，这也是最受病毒侵害感染率高的原因之一。下面几招教大家如何预防网络病毒。

（1）安装防毒软件。

鉴于现今病毒无孔不入，安装一套防毒软件很有必要。首次安装时，一定要对计算机做一次彻底的病毒扫描，尽管麻烦，但可以确保系统尚未受过病毒感染。另外建议你每周至少更新一次病毒定义码或病毒引擎（引擎的更新速度比病毒定义码要慢得多），因为最新的防病毒软件才是最有效的。定期扫描计算机也是一个良好的习惯。

（2）注意软盘、光盘媒介。

在使用软盘、光盘或活动硬盘其他媒介之前，一定要对其进行扫描，以防有病毒。

（3）下载注意点。

下载软件时一定要从比较可靠的站点进行下载，对于互联网上的文档与电子邮件，下载后也要进行病毒扫描。

（4）用常识进行判断。

来历不明的邮件绝不要打开，遇到可疑或不是预期中的朋友来信中的附件，绝不要轻易运行，除非你已经知道附件的内容。

（5）禁用Windows Scripting Host。

许多病毒，特别是蠕虫病毒正是钻了这项“空子”，使得用户无须单击附件，就可自动打开一个被感染的附件。

（6）使用基于客户端的防火墙或过滤措施，以增强计算机对黑客和恶意代码的攻击的免疫力。或者在一些安全网站中，可对自己的计算机进行病毒扫描，查看它是否存在安全漏洞与病毒。如果你经常在线，这一点很有必要，因为如果你的系统没有加设有效的防护，你的个人资料很有可能会被他人窃取。

（7）警惕欺骗性或文告性的病毒。

这类病毒利用了人性的弱点，以子虚乌有的说辞来打动你，记住，天下没有免费的午餐，一旦发现，尽快删除。更有病毒伪装成杀毒软件骗人。

（8）使用其他形式的文档，比如说办公处理换用.wps或.pdf文档以防止宏病毒。当然，这不是彻底避开病毒的万全之策，但不失为一个避免病毒缠绕的好方法。

只要培养良好的预防病毒意识，并充分发挥杀毒软件的防护能力，完全可以将大部分病毒拒之门外。

三、Windows 优化大师

图 1-8　优化大师

Windows 优化大师是一款功能强大的系统辅助软件，它提供了全面有效且简便安全的系统检测、系统优化、系统清理、系统维护四大功能模块及数个附加的工具软件。使用 Windows 优化大师，能够有效地帮助用户了解自己的计算机软、硬件信息；简化操作系统设置步骤；提升计算机运行效率；清理系统运行时产生的垃圾；修复系统故障及安全漏洞；维护系统的正常运转，如图 1-8 所示。

1．主要特点

（1）详尽准确的系统信息检测。

Windows 优化大师深入系统底层，分析用户计算机，提供详细、准确的硬件、软件信息，并根据检测结果向用户提供系统性能进一步提高的建议。Windows 优化大师使用界面如图 1-9 所示。

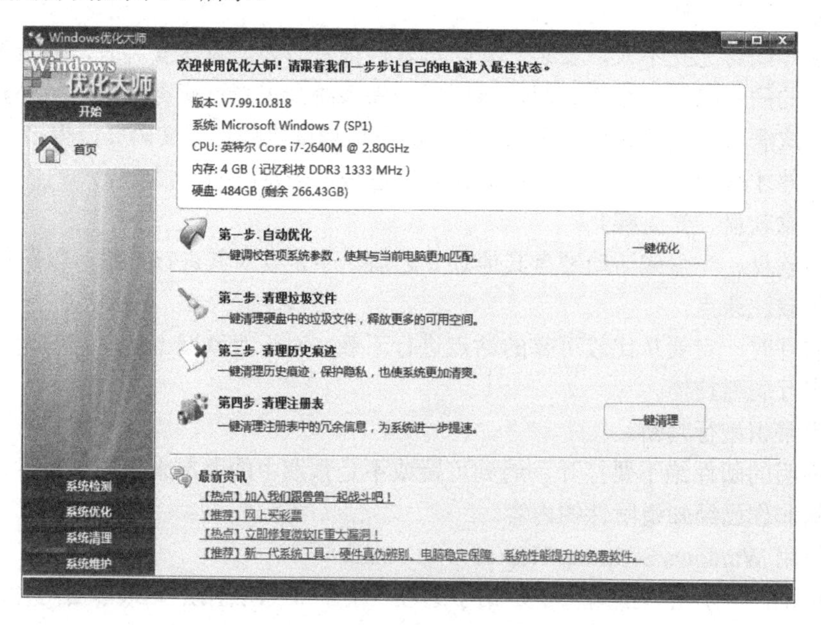

图 1-9　Windows 优化大师使用界面

（2）全面的系统优化选项。

磁盘缓存优化、桌面菜单优化、文件系统优化、网络优化、开机速度优化、系统安全优化、后台服务等能够方方面面全面提供优化。并向用户提供简便的自动优化向导，能够根据检测分析到的用户计算机软、硬件配置信息进行自动优化。所有优化项目均提供恢复功能，用户若对优化结果不满意可以一键恢复，优化大师系统检测界面如图1-10所示。

（3）强大的清理功能。

① 注册信息清理：快速安全清理注册表。

② 垃圾文件清理：清理选中的硬盘分区或指定目录中的无用文件。

③ 冗余 DLL 清理：分析硬盘中冗余动态链接库文件，并在备份后予以清除。

④ ActiveX 清理：分析系统中冗余的 ActiveX/COM 组件，并在备份后予以清除。

⑤ 软件智能卸载：自动分析指定软件在硬盘中关联的文件以及在注册表中登记的相关信息，并在备份后予以清除。

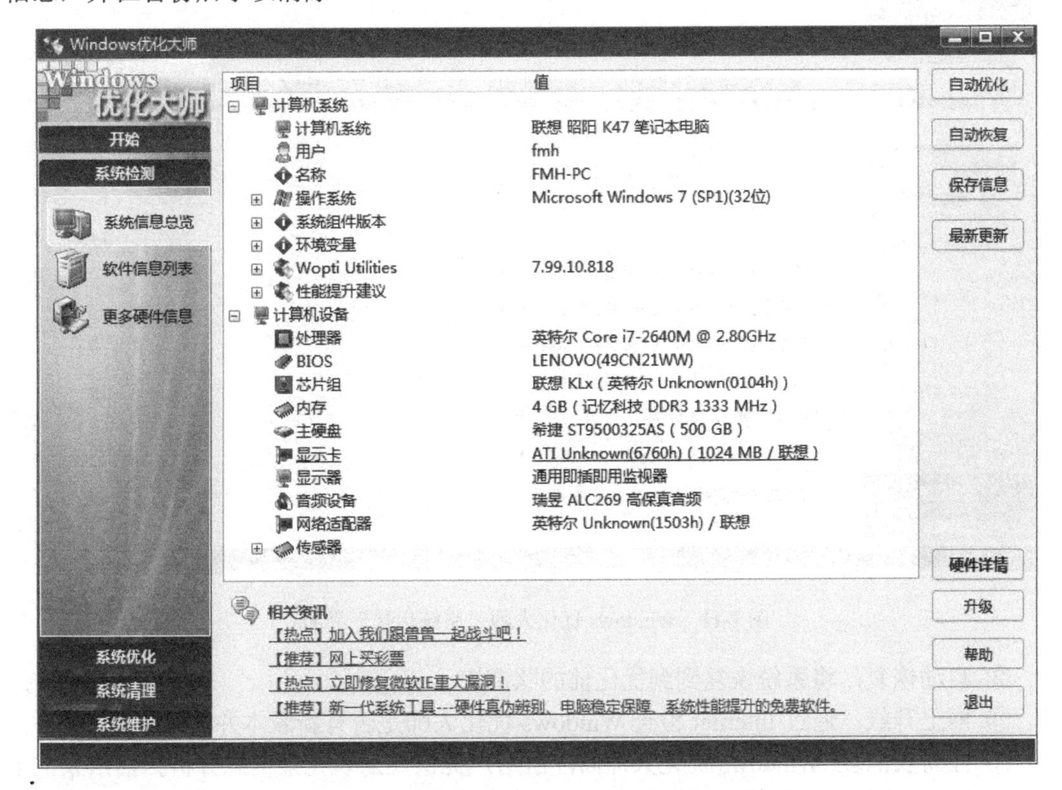

图1-10 Windows优化大师“系统检测”界面

⑥ 备份恢复管理：所有被清理删除的项目均可从 Windows 优化大师自带的备份与恢复管理器中进行恢复。

⑦ 磁盘清理功能：清理磁盘碎片。

（4）有效的系统维护模块。

① 驱动智能备份：让您免受重装系统时寻找驱动程序之苦。

② 系统磁盘医生：检测和修复非正常关机、硬盘坏道等磁盘问题。

③ Windows 内存整理：轻松释放内存。释放过程中 CPU 占用率低，并且可以随时中

断整理进程，让应用程序有更多的内存可以使用。

④ Windows 进程管理：应用程序进程管理工具。

⑤ Windows 文件粉碎：彻底删除文件。

⑥ Windows 文件加密：文件加密与恢复工具。

2．功能

（1）自动优化：由 Windows 优化大师根据检测到的系统软件、硬件情况自动将系统调整到最佳工作状态，如图 1-11 所示。

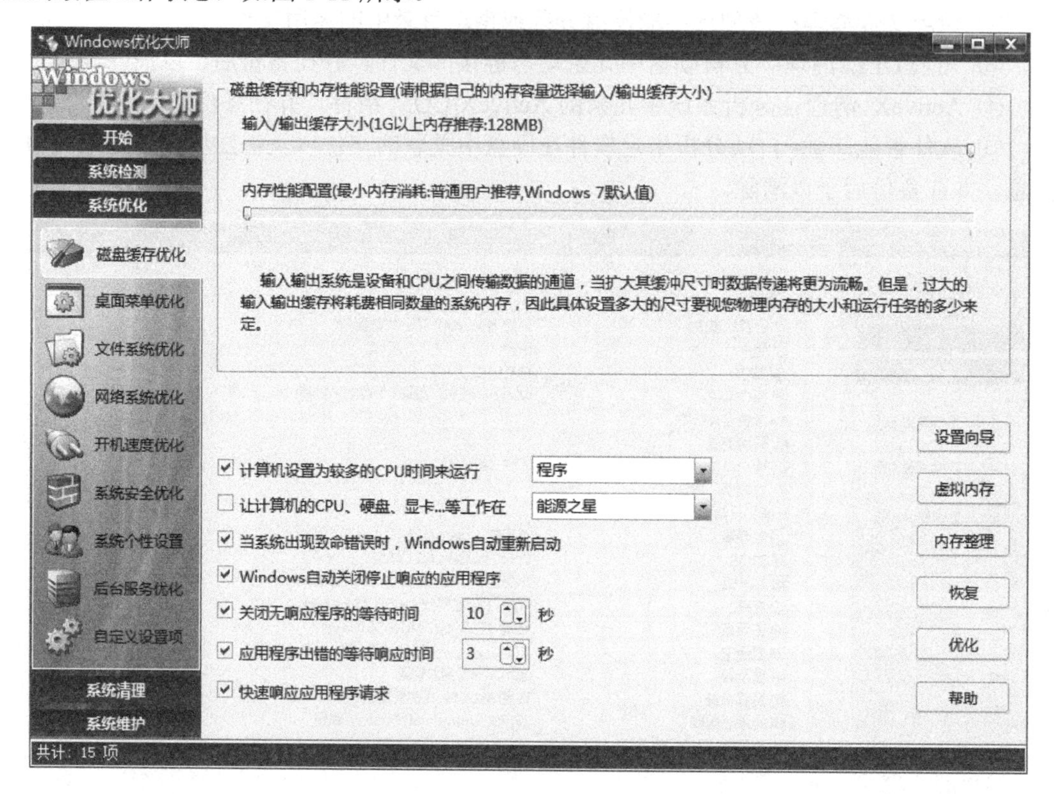

图 1-11　Windows 优化大师“系统优化”界面

② 自动恢复：将系统恢复到到优化前的状态。

③ 网上升级：通过 Internet 检查 Windows 优化大师是否有新版本并提供下载服务。

④ 注册表清理：Windows 优化大师向注册用户提供注册表冗余信息分析扫描结果的全部删除功能，并允许注册用户按住【Ctrl】或【Shift】键对待删除项目进行多项选择或排除后进行清理。

⑤ 垃圾文件清理：Windows 优化大师向注册用户提供垃圾文件分析扫描结果的全部删除功能，并允许注册用户按住【Ctrl】或【Shift】键对待删除项目进行多项选择或排除后进行清理。

⑥ Windows 系统医生：Windows 优化大师向注册用户提供 Windows 系统医生的全部修复功能。

⑦ 冗余动态链接库分析：Windows 优化大师向注册用户提供冗余动态链接库，分析结果中允许清理的项目，全部选中并清理的功能，如图 1-12 所示。

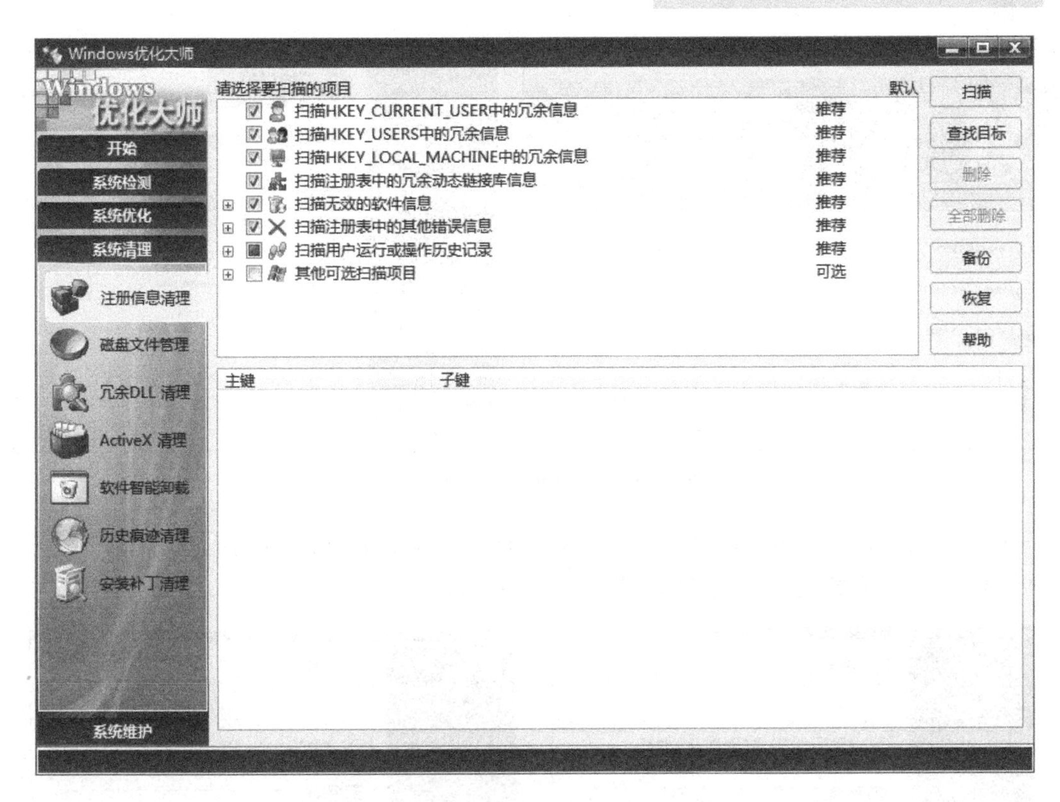

图 1-12　Windows 优化大师“系统清理”界面

⑧ 系统信息检测：Windows 优化大师根据系统性能检测结果向注册用户提供性能提升建议。

⑨ ActiveX/COM 组件清理：Windows 优化大师向注册用户提供 ActiveX/COM 组件清理的全部删除功能。

⑩ 备份与恢复模块：对于文件恢复，允许注册用户按住【Ctrl】或【Shift】键对待恢复项目进行多项选择或排除后进行恢复。

从系统信息检测到维护、从系统清理到流氓软件清除，Windows 优化大师都为您提供比较全面的解决方案。

四、超级兔子

超级兔子系统检测可以诊断一台计算机系统的 CPU、显卡、硬盘的速度，由此检测计算机的稳定性及速度，还有磁盘修复及键盘检测功能。超级兔子进程管理器具有网络、进程、窗口查看方式，同时超级兔子网站提供大多数进程的详细信息，是国内最大的进程库。超级兔子安全助手可能隐藏磁盘、加密文件，超级兔子系统备份是国内唯一能完整保存 Windows XP/2003/Vista 注册表的软件，彻底解决系统上的问题。完全免费，无须注册，即可使用所有功能，提供免费在线升级，不捆绑任何其他软件，如图 1-13 所示。

图 1-13　超级兔子

（1）进入“超级兔子清理王”窗口，如图 1-14 所示。

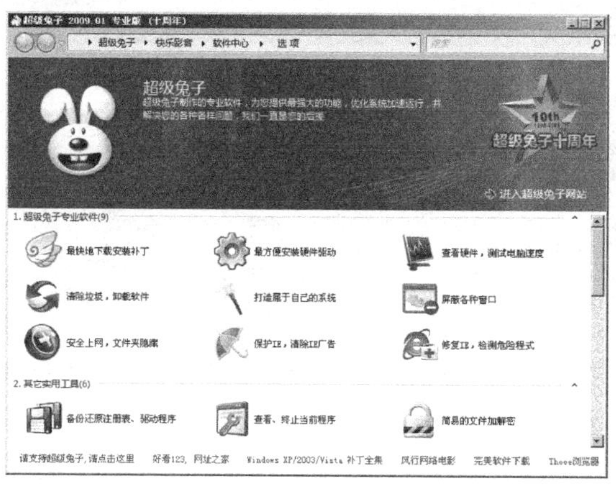

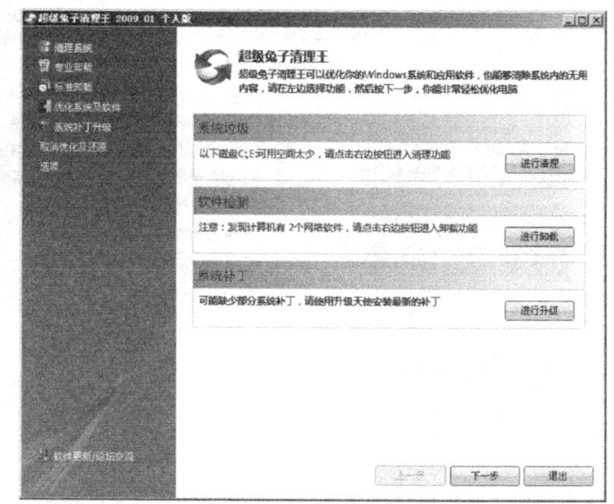

图 1-14 “超级兔子清理王”窗口

（2）打开“清理系统”向导，设置相关参数，具体设置如图 1-15 所示。

（3）选中“完整清理”复选框，如图 1-16 所示。

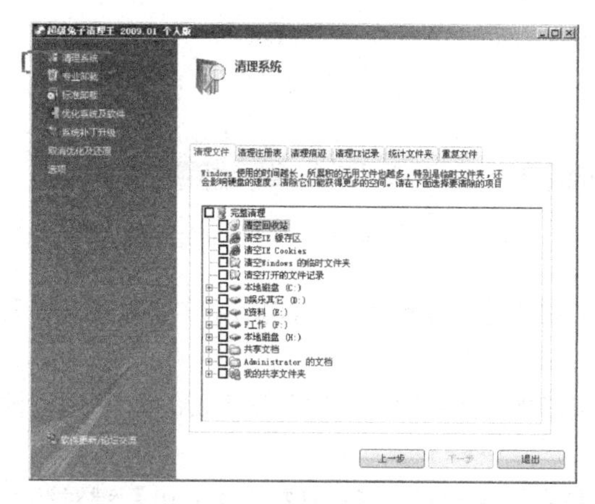

图 1-15 “清理系统”向导页

图 1-16 选中“完整清理”复选框

（4）单击 下一步 按钮，系统进行搜索需要清除的文件数目，如图 1-17 所示。

（5）选择“自动选择可以安全清除的文件（推荐）”选项，单击 清除 按钮，程序开始清除文件，如图 1-18 所示。

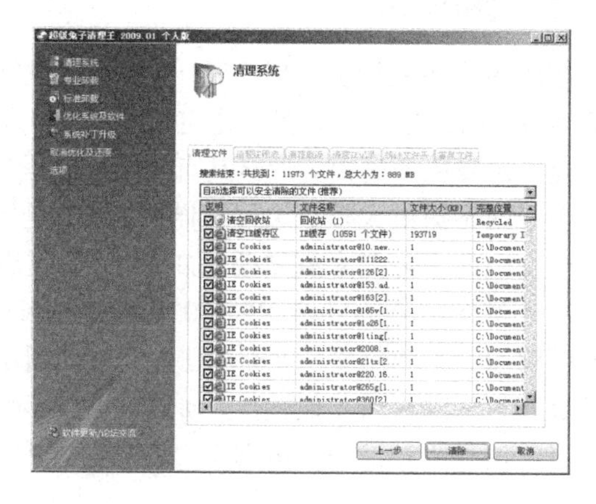

图 1-17 搜索到需要清除的文件数目和大小

图 1-18 选择“自动选择可以安全清除的文件（推荐）”选项

[工作任务单]

工作任务2　系统测试、优化

<table>
<tr><td>任务名称</td><td>系统测试、优化</td></tr>
<tr><td>任务描述</td><td>学生通过上网查找资料，了解系统测试与优化的必要性，掌握系统测试、优化软件的安装及使用方法</td></tr>
<tr><td>学习目标</td><td>知识目标：
了解系统测试与优化的必要性。
能力目标：
1．正确选择适当的系统测试、优化软件。
2．掌握系统测试、优化软件的安装及使用方法</td></tr>
<tr><td>考核内容</td><td>1．上网查找“系统测试与优化”的资料并整理。
2．系统测试、优化软件的安装及使用方法</td></tr>
<tr><td rowspan="2">工作过程</td><td>1．为什么要进行系统测试与优化？

2．常用系统测试、优化软件有哪些？各自的特点是什么？</td></tr>
<tr><td>根据任务要求，在充分搜集信息的基础上分小组进行讨论，制定计划，对本小组的计算机进行系统测试及优化，并记录过程。
<table>
<tr><td rowspan="2">选择软件</td><td>软件类别</td><td>所选　软件</td><td>软件来源</td><td>版权</td><td>简要介绍</td></tr>
<tr><td>测试优化</td><td></td><td></td><td></td><td></td></tr>
<tr><td>制定测试优化方案</td><td colspan="5"></td></tr>
</table>
3．将下载系统测试优化软件过程截图保存（方法同上）。

4．软件是否需要解压缩？如果需要，你用哪款解压缩软件？

5．将系统测试、优化软件安装过程截图。

6．对本小组的计算机进行了哪些系统测试？记录有关数据。</td></tr>
</table>

续表

<table>
<tr><td>工作过程</td><td colspan="3">7. 对本小组的计算机进行了哪些优化？

8. 优化后系统性能有何表现？</td></tr>
<tr><td colspan="4">本节课学习体会：</td></tr>
<tr><td rowspan="3">小组自评</td><td>优秀</td><td>良好</td><td>合格</td></tr>
<tr><td>1. 能够很好地遵守教学课堂、上机纪律，遵守《机房注意事项》，服从老师的管理；
2. 能够很好地完成工作任务单；
3. 初步具有软件知识产权的保护意识；
4. 在给定的时间内小组能独立、正确使用工具软件完成工作任务</td><td>1. 能够较好地遵守教学课堂、上机纪律，遵守《机房注意事项》，服从老师的管理；
2. 能够较好地完成工作任务单；
3. 初步具有软件知识产权的保护意识；
4. 在给定的时间内，在老师的指导下，小组能正确使用工具软件完成工作任务</td><td>1. 能够基本地遵守教学课堂、上机纪律，遵守《机房注意事项》，服从老师的管理；
2. 能够基本完成工作任务单；
3. 初步具有软件知识的产权保护意识；
4. 小组在给定的时间内能在老师的指导下，基本完成工作任务</td></tr>
<tr><td></td><td></td><td></td></tr>
</table>

[工作任务]

工作任务 3　磁盘工具的使用

【任务描述】

学生通过上网查找资料，了解磁盘工具的有关知识，掌握系统还原工具、硬盘分区工具的使用方法，并能够独立下载、安装使用软件。

【学习情境】

当我们重新安装系统的时候，或是磁盘分区不够合理的时候，都需要使用到磁盘工具，磁盘工具有哪些功能呢？

【学习方式】

◇ 活动形式：根据教师的提示，上网搜索相关内容，使用软件，体会软件的功能，并填写工作任务单。

【工作流程】

【操作步骤】

一、Windows 操作系统自带的备份与还原工具

1．创建系统还原点

步骤 1　选择【开始】→【程序】→【附件】→【系统工具】→【系统还原】命令，弹出“系统还原”对话框，选择“创建一个还原点”单选按钮，如图 1-19 所示。

步骤 2　单击【下一步】按钮，进入“创建一个还原点”向导页，在“还原点描述”文本框中填写该还原点的描述信息，即该还原点是处于什么状态，方便用户记录。例如：“我的新系统”，如图 1-20 所示。

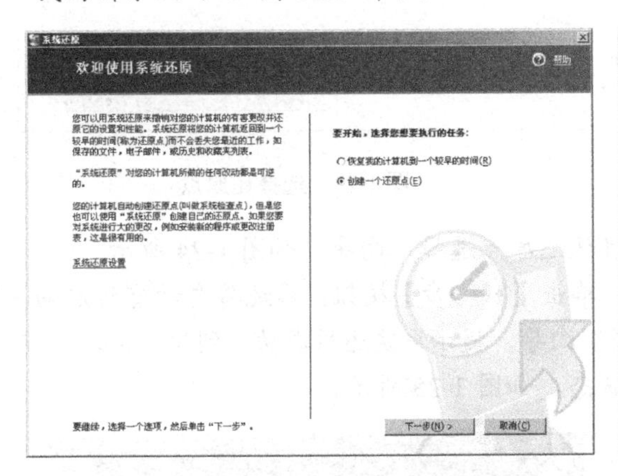

图 1-19　“系统还原”对话框

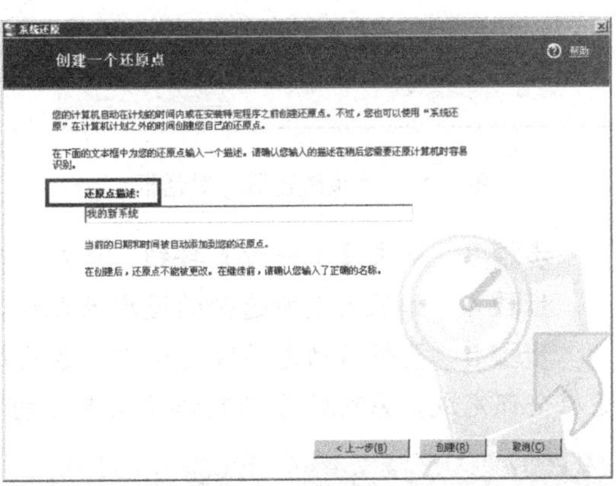

图 1-20　设置还原点描述

步骤 3　单击【创建】按钮，进入“还原点已创建”向导页，系统将自动创建还原点，创建完成后单击【关闭】按钮，完成操作，如图 1-21 所示。

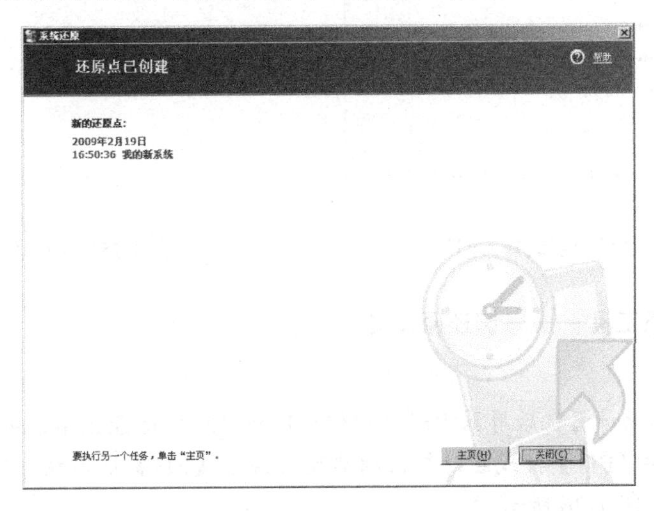

图 1-21　还原点创建完成

2. 使用系统还原点恢复系统

步骤 1 选择【开始】→【程序】→【附件】→【系统工具】→【系统还原】命令，弹出“系统还原”对话框，选择“恢复我的计算机到一个较早的时间”单选按钮，如图 1-22 所示。

步骤 2 单击【下一步】按钮，进入“选择一个还原点”向导页，然后在列表中选择一个还原点，如图 1-23 所示。

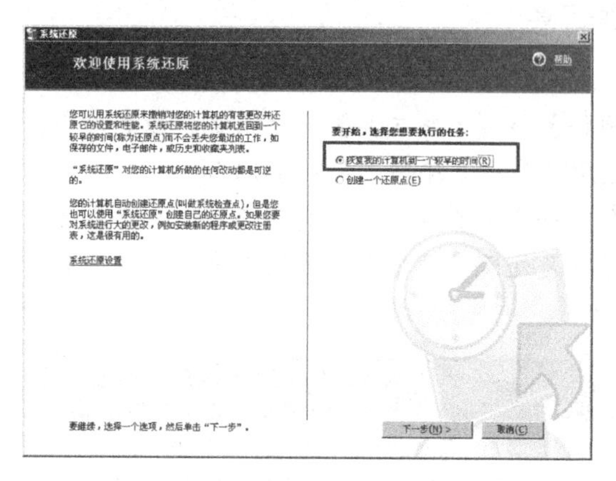

图 1-22 “系统还原”对话框

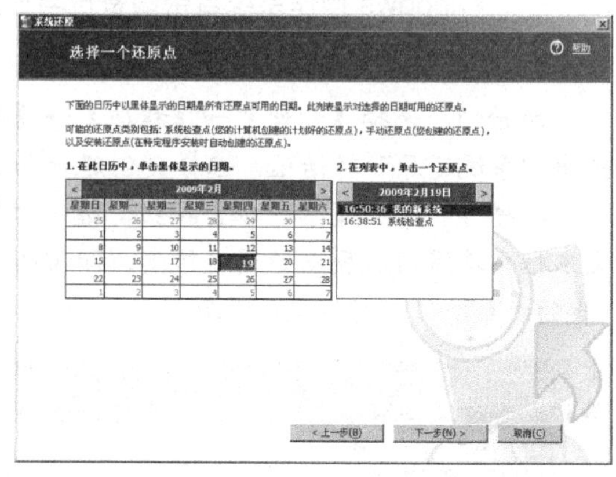

图 1-23 选择还原点

步骤 3 单击【下一步】按钮，进入“确认还原点选择”向导，如图 1-24 所示。

步骤 4 如果确定所选择的还原点无误，单击【下一步】按钮，系统将自动重新启动。

步骤 5 重新启动完毕后进入“创建完成”向导，提示系统还原成功，到此为止，系统还原全部完成，系统恢复到制作还原点时的状态，如图 1-25 所示。

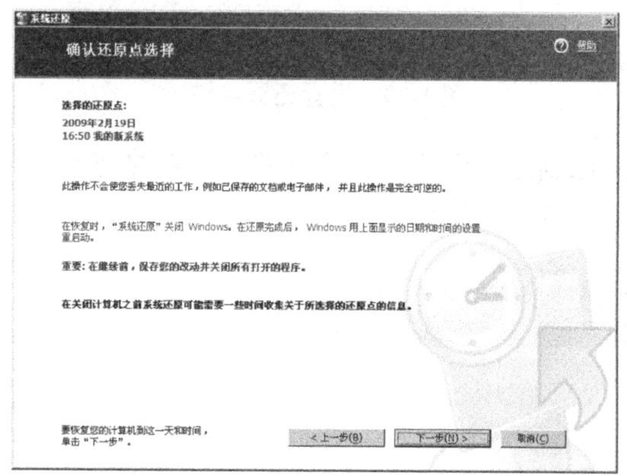

图 1-24 “确认还原点选择”向导

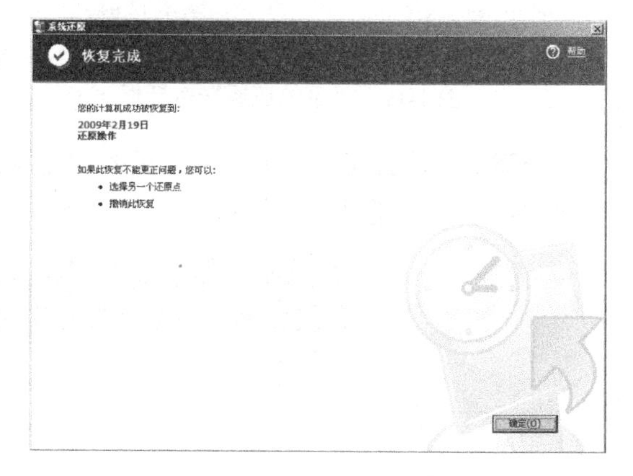

图 1-25 系统还原成功

二、系统还原工具——一键还原精灵

1. 备份系统

步骤 1 当启动计算机后屏幕出现“******Press [F11] to Start recovery system******”提示行时，迅速按【F11】键或在计算机刚启动时按住【F11】键不放，在默认情况下，系统将自动备份，如图 1-26 所示。

步骤 2　这时按【Esc】键，进入一键还原精灵“自动备份”操作界面，如图 1-27 所示。

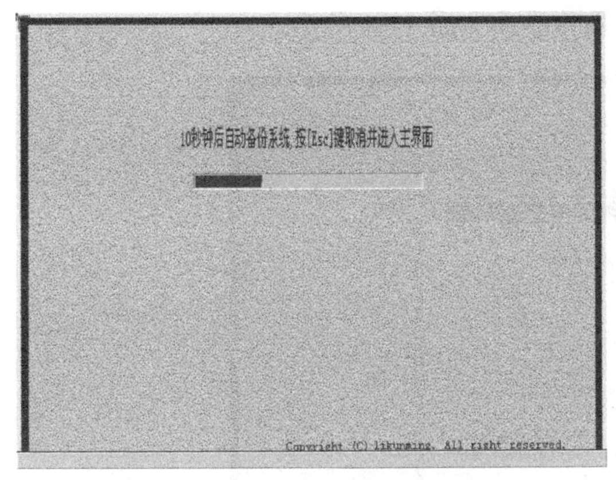

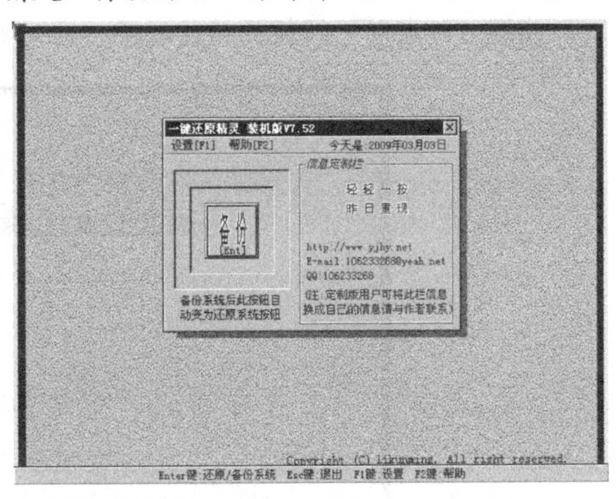

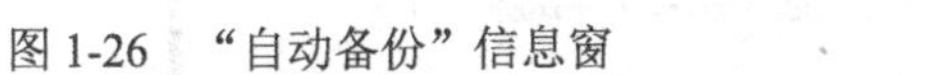

图 1-26　“自动备份”信息窗　　　　图 1-27　一键还原精灵“备份”操作界面

步骤 3　单击【备份】按钮（此按钮为智能按钮，备份分区后自动变为【还原】按钮）或按【Enter】键，弹出如图 1-28 所示的“信息”对话框。

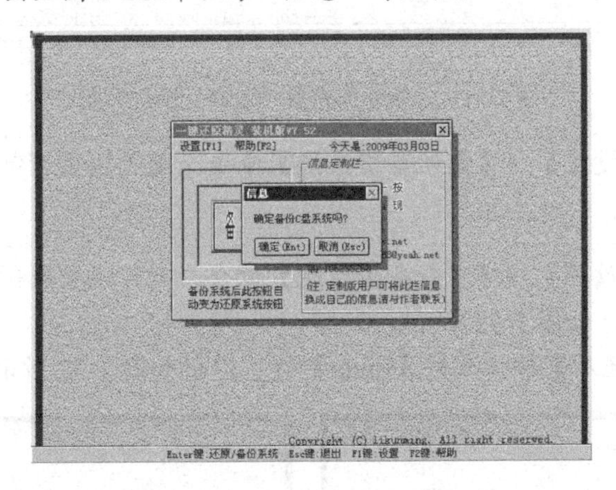

图 1-28　“信息”对话框

步骤 4　单击【确定】按钮，开始备份 C 盘，如图 1-29 所示，稍等片刻，备份完成，如图 1-30 所示。

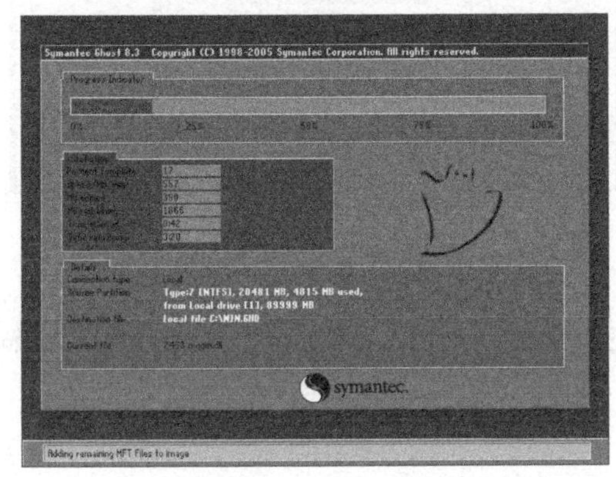

图 1-29　备份 C 盘

图 1-30　系统备份完成

2．还原系统

步骤 1 启动一键还原精灵程序，此时的操作界面如图 1-31 所示。

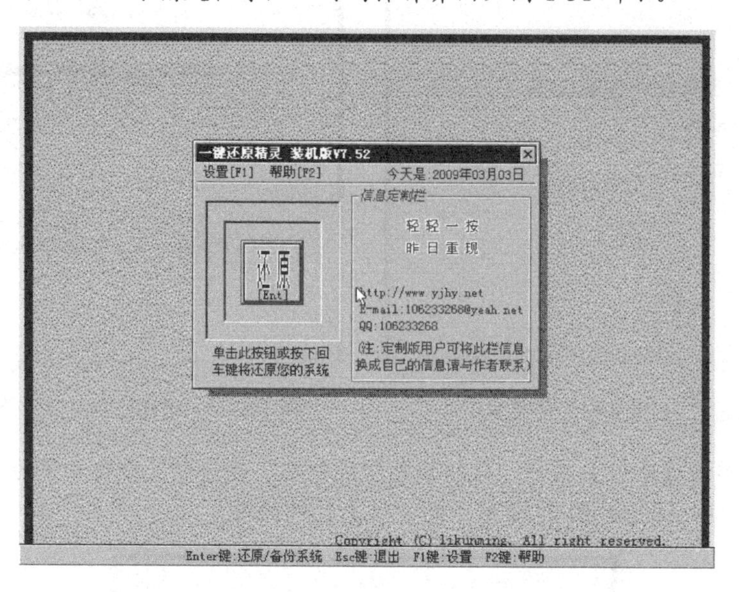

图 1-31 一键还原精灵“还原”操作界面

小贴士：执行【设置】→【重新备份系统】命令，则可以重新制作系统备份，新的备份将覆盖原来的备份。

步骤 2 执行【设置】→【重新备份系统】命令，则可以重新制作系统备份，新的备份将覆盖原来的备份，如图 1-32 所示。

步骤 3 单击【还原】按钮或按【Enter】键，弹出如图 1-33 所示的“信息”对话框。

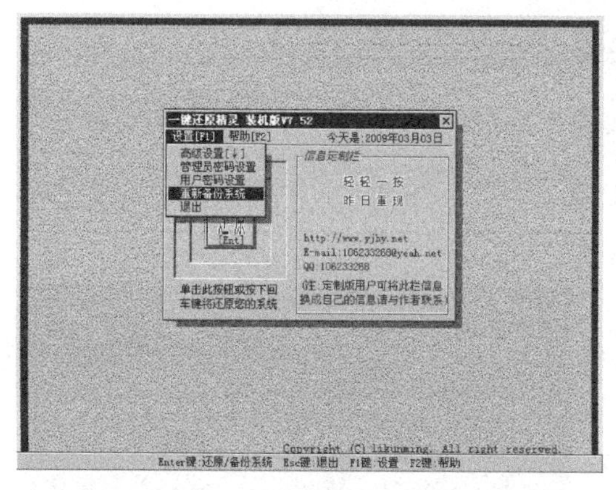

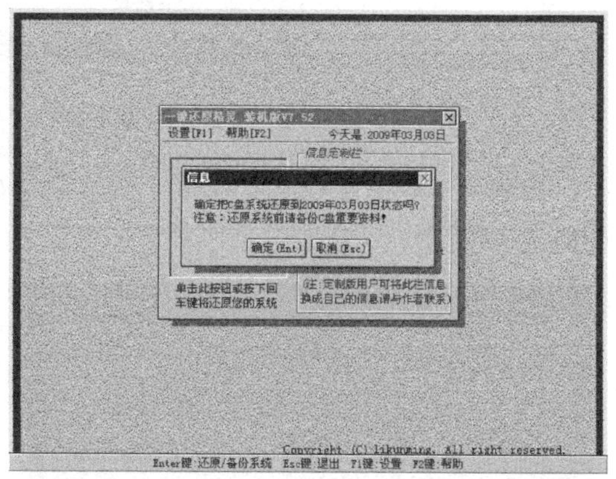

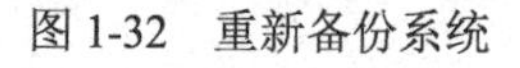

图 1-32 重新备份系统

图 1-33 “信息”对话框

步骤 4 单击【确定】按钮，软件将自动还原系统，如图 1-34 所示，系统还原完成如图 1-35 所示。

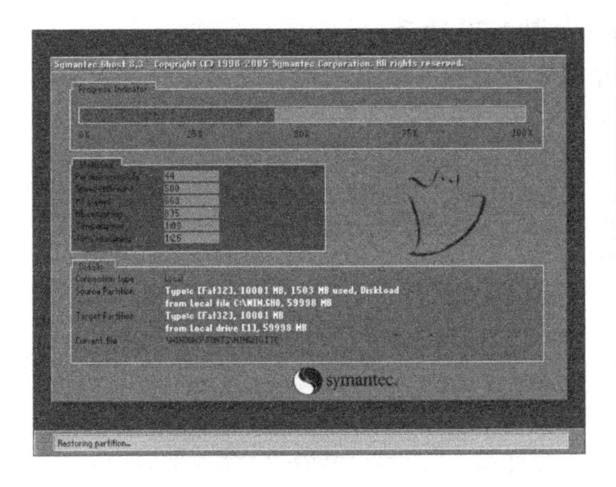

图 1-34　正在还原系统

图 1-35　系统还原完成

三、硬盘分区工具——Norton PartitionMagic 8.0

1. 转换分区格式

步骤 1　启动 Norton PartitionMagic 8.0，进入其操作界面，如图 1-36 所示。

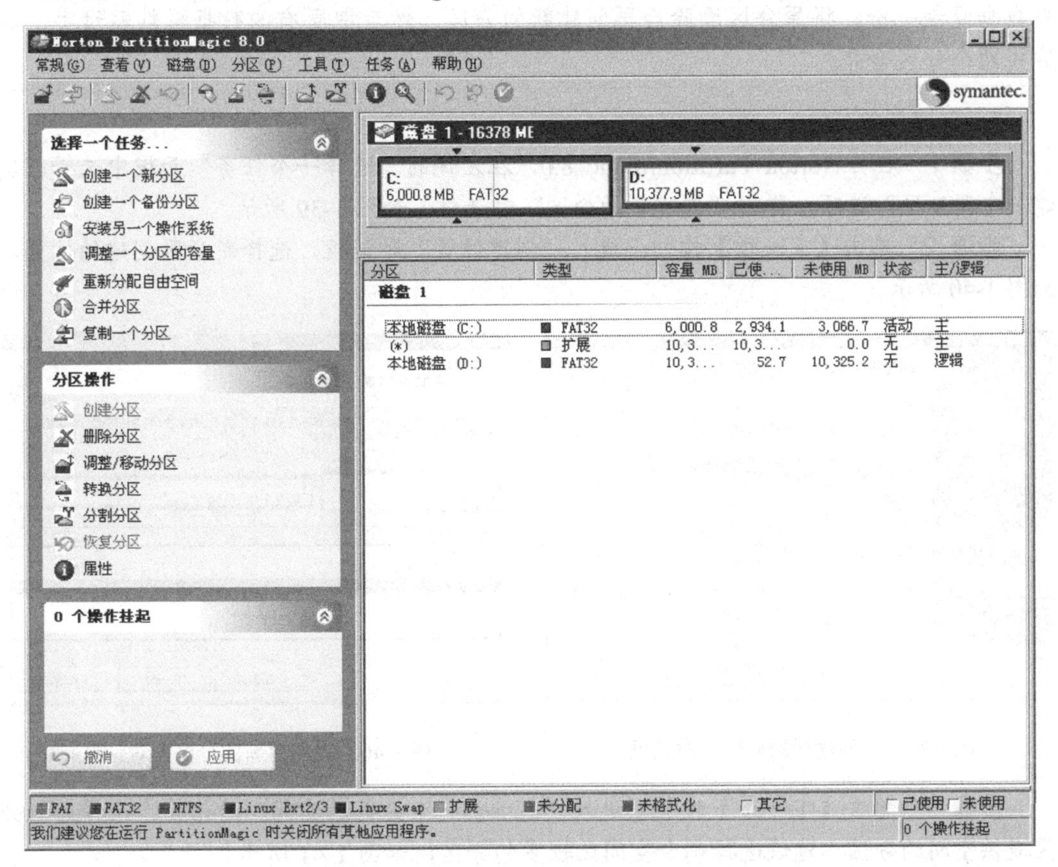

图 1-36　Norton PartitionMagic 8.0 操作界面

步骤 2　选择一个分区，选择“转换分区”选项，弹出“转换分区”对话框，设置转换后分区的文件系统类型和主/逻辑分区属性，如图 1-37 所示。

步骤 3 单击【确定】按钮，将弹出一个提示对话框，确认之后软件将操作加入操作列表，如图 1-38 所示。

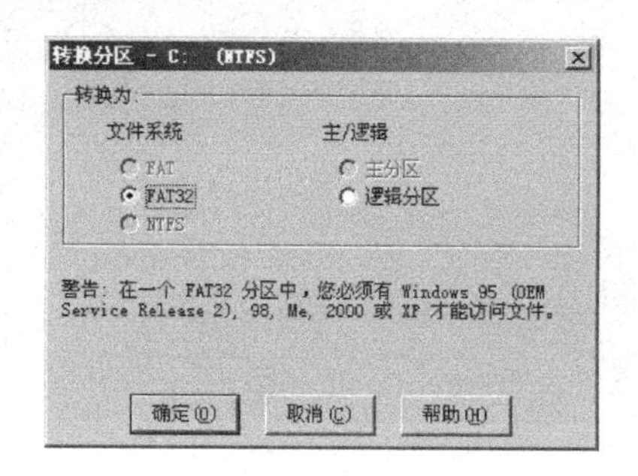

图 1-37 “转换分区”对话框

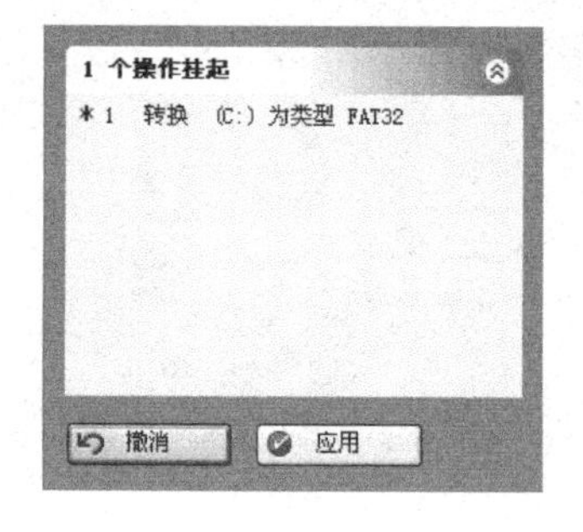

图 1-38 操作列表

步骤 4 单击【应用】按钮，执行操作。

> 小贴士：PartitionMagic 在转换分区时，不能很好地支持中文文件名，为了正确转换分区，除了尽量使用英文文件名外，还可以通过任务窗格中的“复制一个分区”任务先将数据复制一份，将原分区删除后再创建新的分区，然后把原有的数据再粘贴过去，最后将两个分区合并。

2. 创建新的分区

步骤 1 启动 Norton PartitionMagic 8.0，在左侧的“选择一个任务”面板中选择“创建一个新分区”选项，弹出“创建新的分区”对话框，如图 1-39 所示。

步骤 2 单击【下一步】按钮，进入“创建位置”对话框，选择新分区创建的位置，如图 1-40 所示。

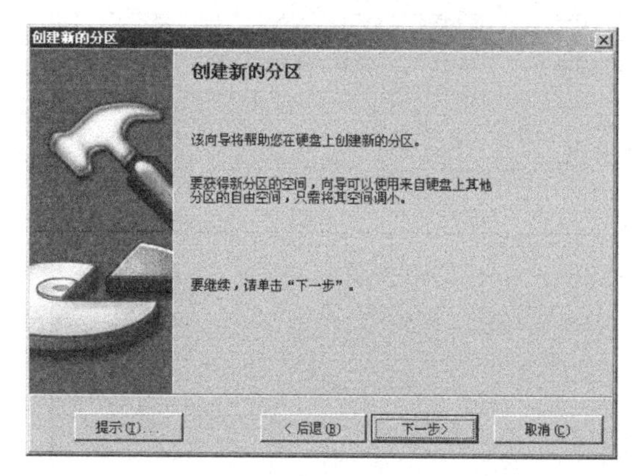

图 1-39 “创建新的分区”对话框

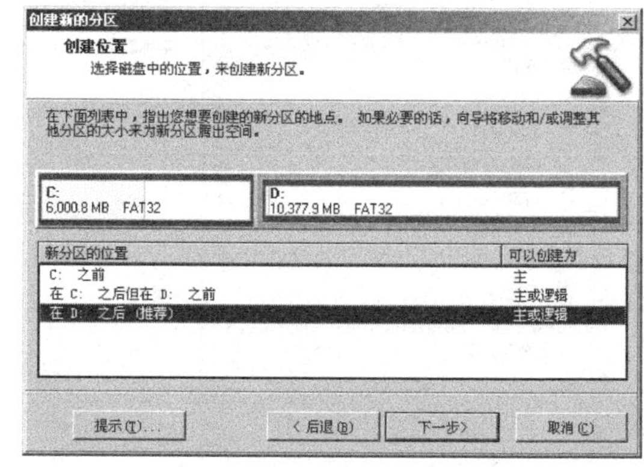

图 1-40 “创建新的分区”对话框

步骤 3 单击【下一步】按钮，进入“减少哪一个分区的空间”对话框，选择为新分区提供空间的分区，建议选择剩余空间比较多的分区，如图 1-41 所示。

步骤 4 单击【下一步】按钮，进入“分区属性”对话框，设置新分区的大小、卷标、分区为（分区类型）、文件系统类型和驱动器盘符，如图 1-42 所示。

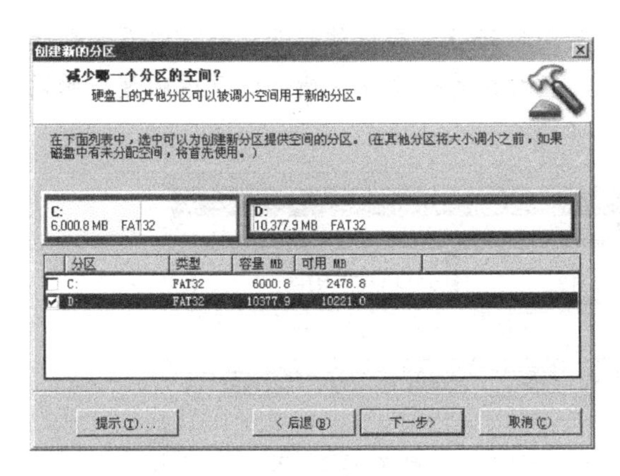

图 1-41　选择提供空间的分区

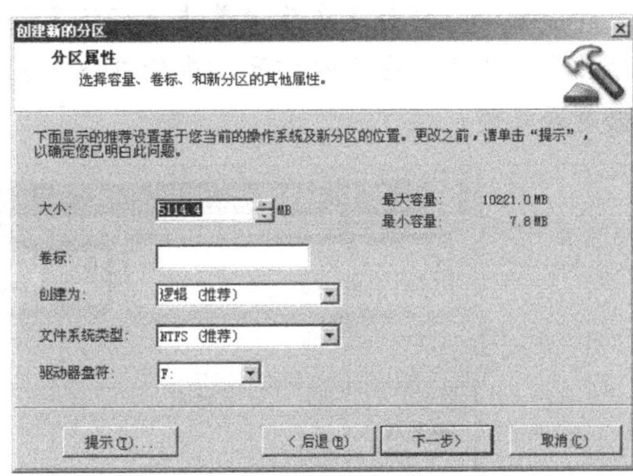

图 1-42　设置新分区属性

步骤 5　单击【下一步】按钮，进入“确认选择”对话框，显示硬盘分区的分布情况，如图 1-43 所示。

步骤 6　单击【完成】按钮，确认任务，软件将此任务所要执行的所有操作加入操作列表，如图 1-44 所示。

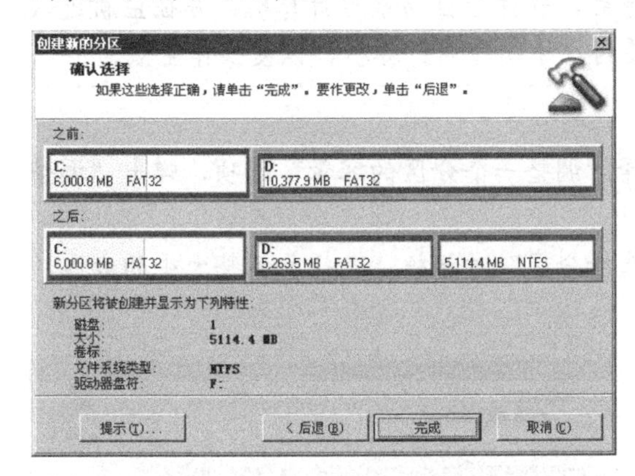

图 1-43　硬盘分区的分布情况

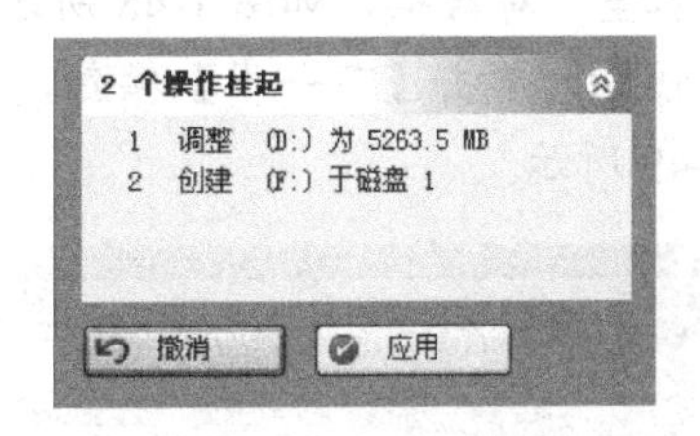

图 1-44　加入操作列表

步骤 7　单击【应用】按钮，弹出如图 1-45 所示的“应用更改”对话框。单击【是】按钮，开始执行操作，如图 1-46 所示。

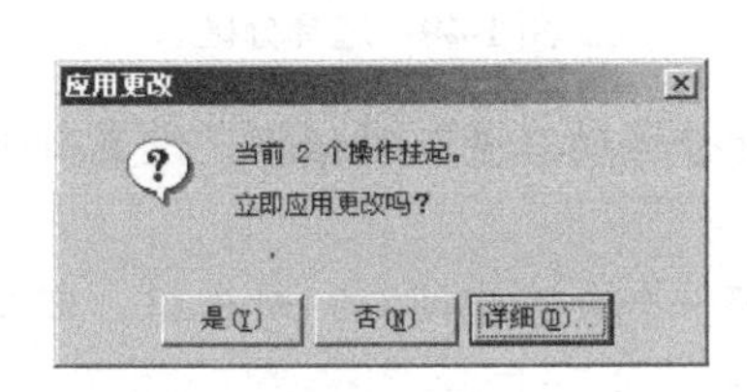

图 1-45　“应用更改”对话框

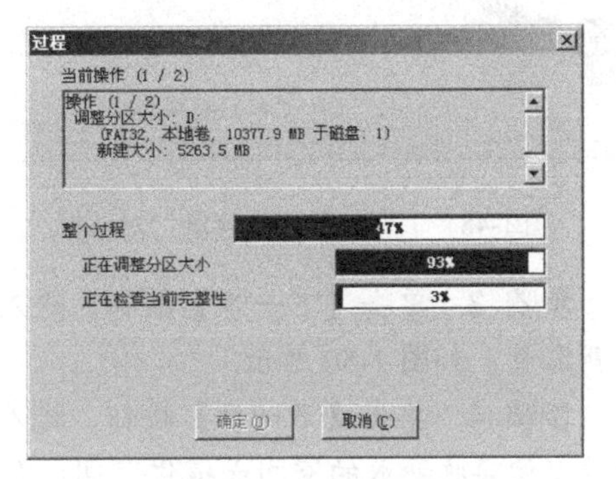

图 1-46　执行操作

步骤 8 任务完成后，单击【确定】按钮关闭对话框，在操作界面上就可以看到新的分区已经创建，也可以打开“我的电脑”窗口，查看新的磁盘分区情况以及原磁盘里的数据是否完整。

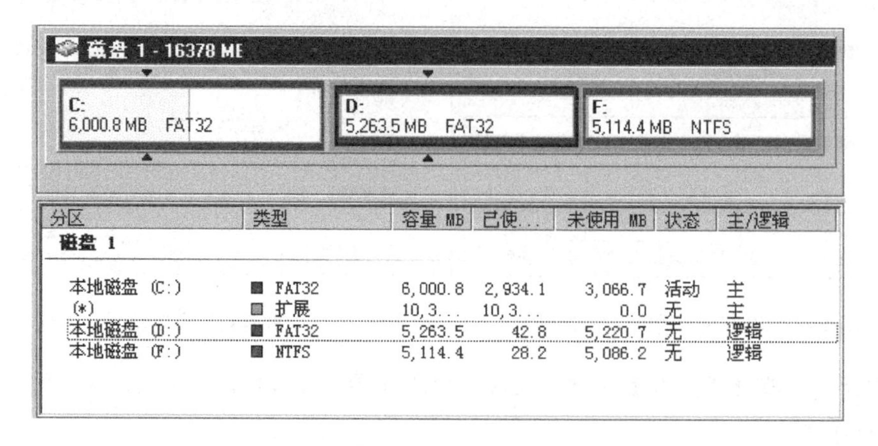

图 1-47 新分区信息

> **小帖士：** 在某些情况下，当确认执行任务后，软件会自动重启计算机，并在重新进入系统之前执行所有操作。操作执行完成后需要再次手动重启计算机，以使操作生效。

3．调整分区容量

步骤 1 在“选择一个任务”面板中选择“调整一个分区的容量”选项，弹出“调整分区的容量”对话框，如图 1-48 所示。

步骤 2 单击【下一步】按钮，进入“选择分区”对话框，选择要调整大小的分区，如图 1-49 所示。

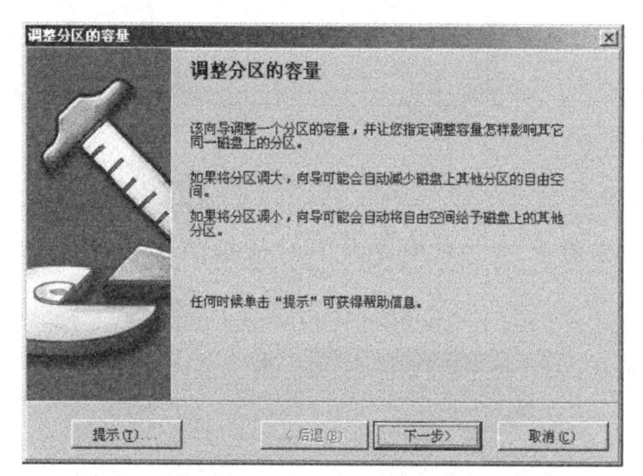

图 1-48 “调整分区的容量”对话框

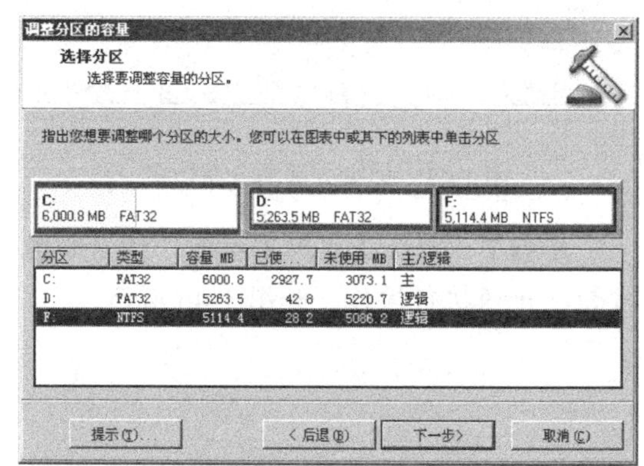

图 1-49 选择分区

步骤 3 单击【下一步】按钮，进入“指定新建分区的容量”对话框，设置所选分区的新容量，如图 1-50 所示。

步骤 4 单击【下一步】按钮，进入“提供给哪一个分区空间？”对话框，可以指定分区以便接收释放的空间或提供空间，如图 1-51 所示。

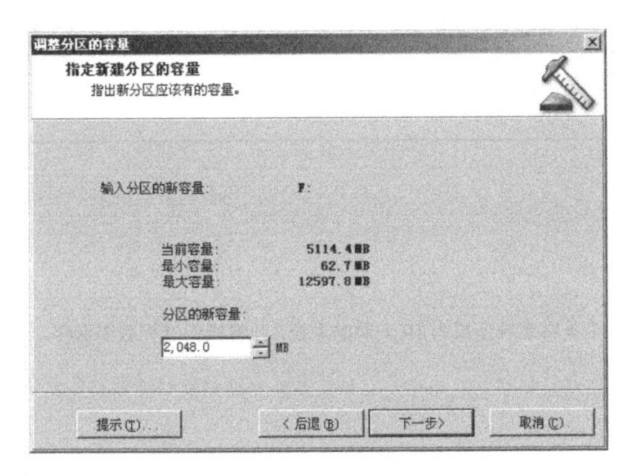

图 1-50　设置所选分区新容量

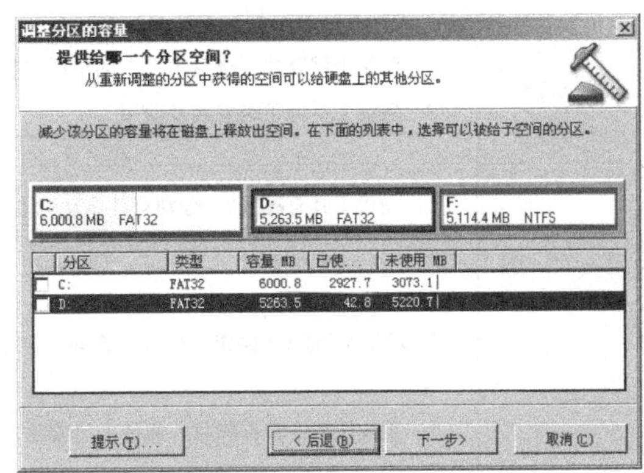

图 1-51　指定分区

步骤 5　单击【下一步】按钮，进入“确认分区调整容量”对话框，可以直观地看出调整分区容量后各分区的大小情况，如图 1-52 所示。

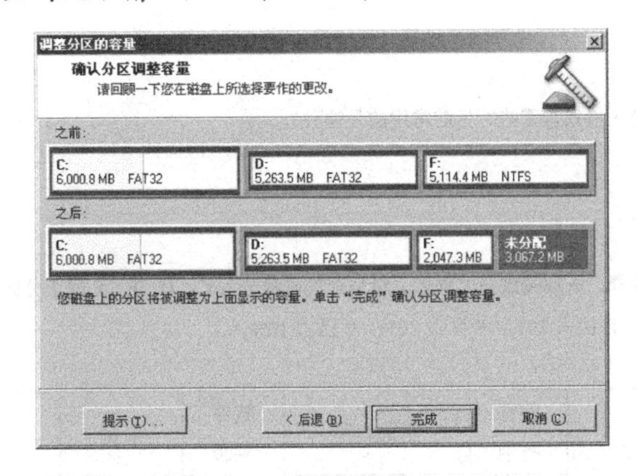

图 1-52　预览各分区大小

步骤 6　单击【完成】按钮确认任务，将操作加入操作列表。

步骤 7　单击【应用】按钮执行任务，再次确认之后软件会重启计算机以便完成操作。

[工作任务单]

工作任务 3　磁盘工具的使用

任务名称	磁盘工具的使用
任务描述	学生通过上网查找资料，了解磁盘工具的有关知识，掌握系统还原工具、硬盘分区工具的使用方法，并能够独立下载、安装使用软件
学习目标	知识目标： 了解磁盘工具的主要功能。 能力目标： 1．熟练运用 Windows 操作系统自带的备份与还原工具。 2．掌握系统还原工具的使用方法。 3．掌握硬盘分区工具的使用方法

续表

<table>
<tr><td>考核内容</td><td>1. 学生上网查找“磁盘工具”的资料并整理。
2. 磁盘工具的正确安装及使用</td></tr>
<tr><td>工作过程</td><td>
1. 磁盘工具有哪些？ 分别有什么功能？

2. 运用 Windows 操作系统自带的备份与还原工具将系统还原为 10 天前的系统，并将操作过程截图保存。

3. 系统还原工具有哪些？你使用过哪种？

4. 磁盘分区工具有哪些？

5. 磁盘分区格式有哪些？目前常用的是哪种？

6. 自行选择、下载磁盘分区软件，将目前的磁盘分为 C、D、E、F 四个分区，都使用 NTFS 格式，其中 C 区占 50%，D 区占 20%，E 区占 20%，E 区占 10%
<table>
<tr><td rowspan="2">选择软件</td><td>软件类别</td><td>所选软件</td><td>软件来源</td><td>版权</td><td>简要介绍</td></tr>
<tr><td>磁盘分区</td><td></td><td></td><td></td><td></td></tr>
<tr><td>制定磁盘分区方案</td><td colspan="5"></td></tr>
</table>
7. 将磁盘分区软件安装过程截图。

8. 将分区的操作过程截图保存。
</td></tr>
<tr><td colspan="2">本节课学习体会：</td></tr>
</table>

续表

	优秀	良好	合格
学生自评	1. 能够很好地遵守教学课堂、上机纪律，遵守《机房注意事项》，服从老师的管理； 2. 能够很好地完成工作任务单； 3. 初步具有软件知识产权的保护意识； 4. 在给定的时间内能独立、正确使用工具软件完成工作任务	1. 能够较好地遵守教学课堂、上机纪律，遵守《机房注意事项》，服从老师的管理； 2. 能够较好地完成工作任务单； 3. 初步具有软件知识产权的保护意识； 4. 在给定的时间内，在老师的指导下，能正确使用工具软件完成工作任务	1. 能够基本遵守教学课堂、上机纪律，遵守《机房注意事项》，服从老师的管理； 2. 能够基本完成工作任务单； 3. 初步具有软件知识产权的保护意识； 4. 在给定的时间内能在老师的指导下，基本完成工作任务

[工作任务]

工作任务4　使用光盘工具

【任务描述】

学生通过上网查找资料，了解使用光盘工具的必要性，掌握虚拟光驱、光盘刻录软件的安装及使用方法。

【学习情境】

在使用计算机的过程中，一些重要的资料需要长期保存，而我们经常使用的软件安装文件也需要保存下来，但是使用硬盘存储数据会存在硬盘空间不够和数据安全的问题，需要使用哪些工具软件解决问题。

【学习方式】

◇ 活动形式：根据教师的提示，上网搜索相关内容，使用软件，并体会软件的功能，并填写工作任务单。

【工作流程】

知识解析

一、光盘相关知识介绍

现在一般的硬盘容量在3GB～3TB之间，软盘已经被淘汰，CD光盘的最大容量大约是700MB，DVD盘片单面容量为4.7GB，最多能刻录约4.59GB的数据（因为DVD的1GB=1000MB，而硬盘的1GB=1024MB）（双面8.5GB，最多能刻录约8.3GB的数据），蓝

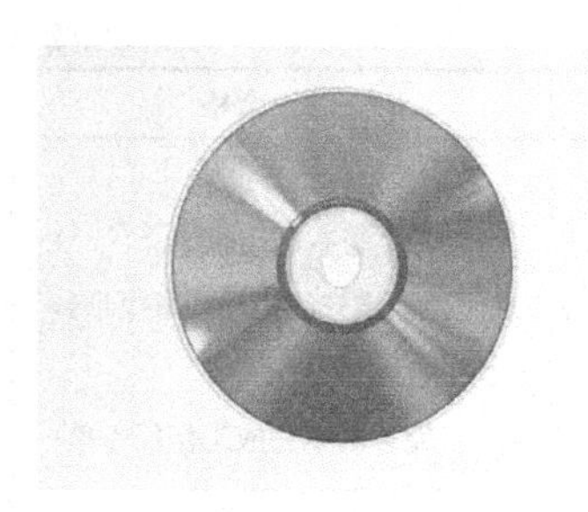

图 1-53　光盘

光(BD)则比较大，其中 HD DVD 单面单层容量为 15GB、双层容量为 30GB；BD 单面单层容量为 25GB、双面容量为 50GB。

根据光盘结构，光盘主要分为 CD、DVD、蓝光光盘等几种类型，如图 1-53 所示。

二、光盘映像文件

也称作光盘镜像文件，存储格式与光盘文件系统相同，可以真实反映刻录后光盘的内容。可以把自己非常爱惜的光盘制作成光盘映像文件存放在硬盘上，再用虚拟光驱软件将此映像文件模拟成一个真实光盘，这样可以大大减少对真实光盘的磨损，同时保护光驱，达到保护真实光盘的目的。

常见工具有 WinISO、Alcohol、Ultra ISO。

三、虚拟光驱

虚拟光驱是一种模拟（CD/DVD-ROM)工作的工具软件，可以生成和你计算机上所安装的光驱功能一模一样的光盘镜像。其工作原理是先虚拟出一部或多部虚拟光驱后，将光盘上的应用软件，镜像存放在硬盘上，并生成一个虚拟光驱的镜像文件，然后就可以将此镜像文件放入虚拟光驱中来使用，常见的虚拟光驱有 VDM、DAEMON Tools 等。

【操作步骤】

一、光盘映像文件制作工具 WinISO

1．由光盘生成映像文件

步骤 1　启动 WinISO，出现主操作界面，如图 1-54 所示。

步骤 2　将要生成映像文件的光盘放入光驱，单击“操作”菜单，选择“从 CDROM 制作 ISO”选项。如图 1-55 所示。

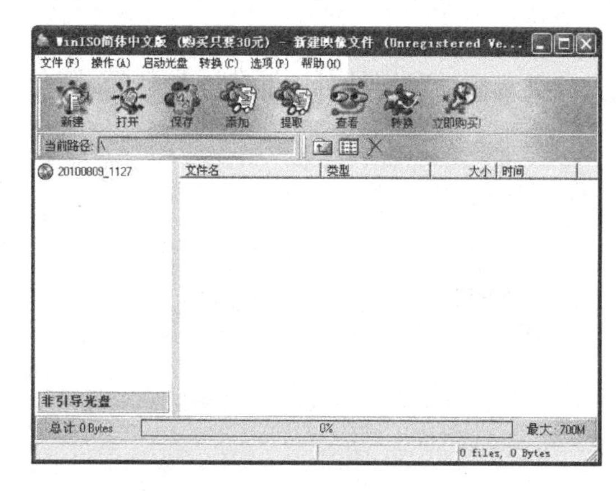

图 1-54　WinISO 操作界面

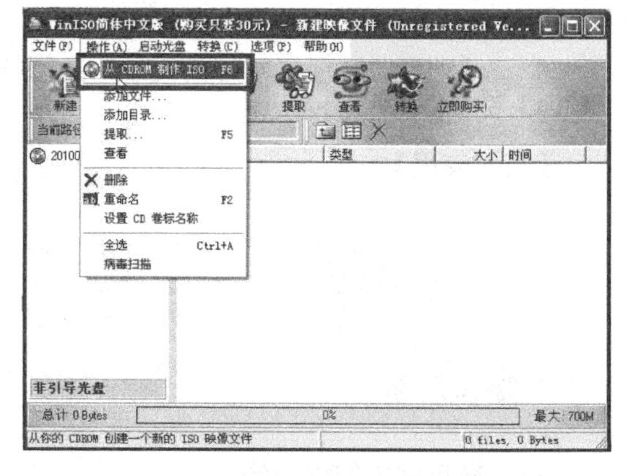

图 1-55　选择“从 CDROM 制作 ISO”选项

步骤 3　从弹出的对话框中选择制作映像文件所在的光驱，并在“输出文件”栏中输入将要生成的光盘映像文件的位置和名称，如图 1-56 所示。

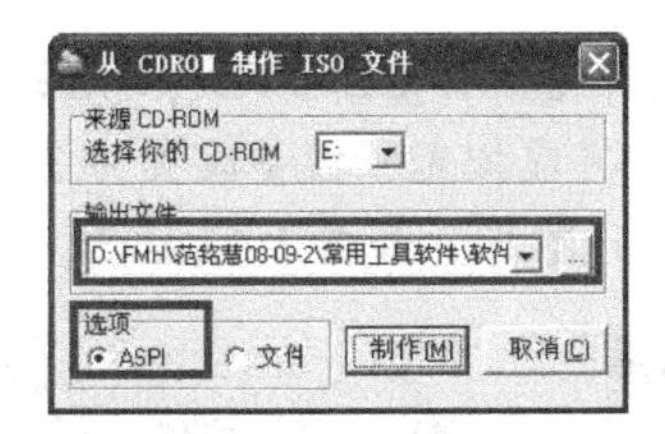

图 1-56　设定输出 ISO 文件的文件名

步骤 4　单击【制作】按钮，开始进行映像文件的制作。

2. 由硬盘数据制作光盘映像文件

步骤 1　单击工具栏的【添加】按钮添加文件，或选择【操作】→【添加文件】菜单，如图 1-57 所示。在弹出的“打开”对话框中选取需要的文件。如图 1-58 所示。

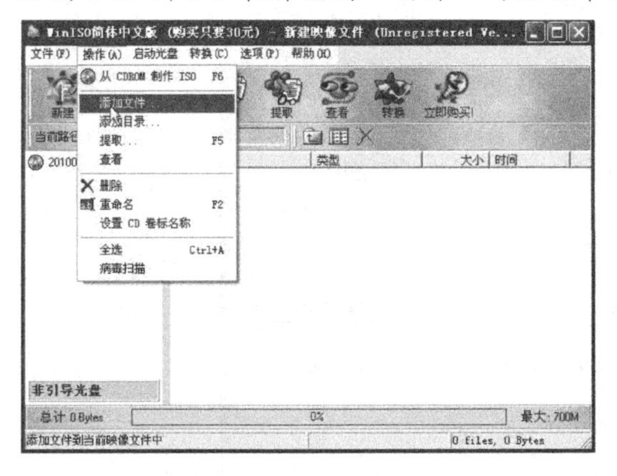

图 1-57　添加文件

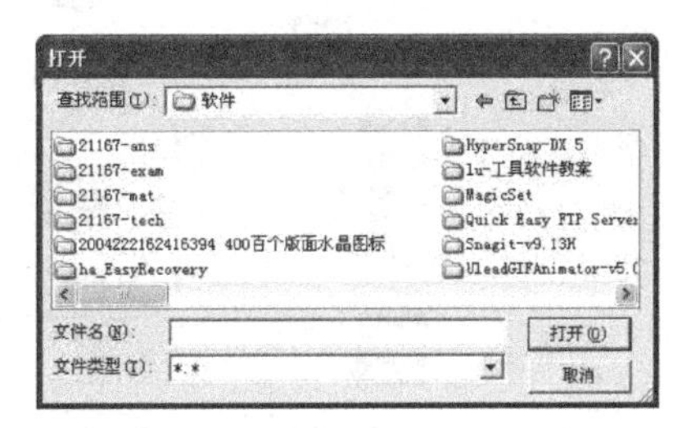

图 1-58　选择文件

步骤 2　添加完毕后，单击【保存】按钮，在弹出的“另存为”对话框中，选定存放新建的 ISO 映像文件的文件夹并输入文件名，再单击【保存】按钮。

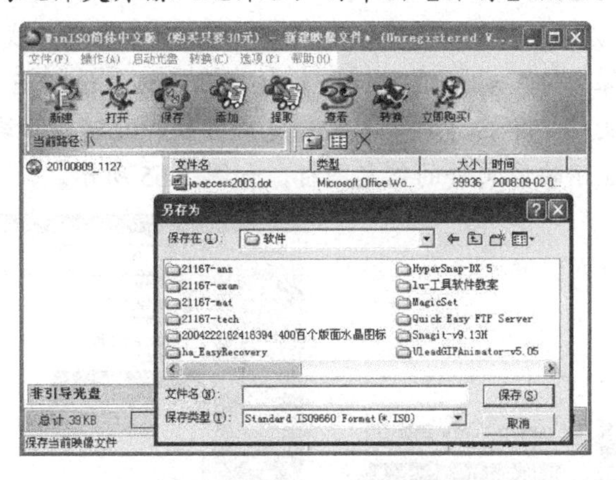

图 1-59　添加本地文件到光盘映像

二、虚拟光驱工具——DAEMON Tools

1. 装载映像文件

步骤 1　设置虚拟光驱个数。

启动 DAEMON Tools，如图 1-60 所示。在屏幕右下角将出现图标，在其上单击鼠标右键，打开设置菜单。在菜单中选择【虚拟 CD/DVD-ROM】→【设置设备数目…】→【2 台驱动器】命令，如图 1-61 所示，将虚拟光驱数量设置为 2 台，设置完成后，打开“我的电脑”窗口即可看到两个虚拟光驱的图标，如图 1-62 所示。

图 1-60　设置菜单　　　　图 1-61　设置光驱数量

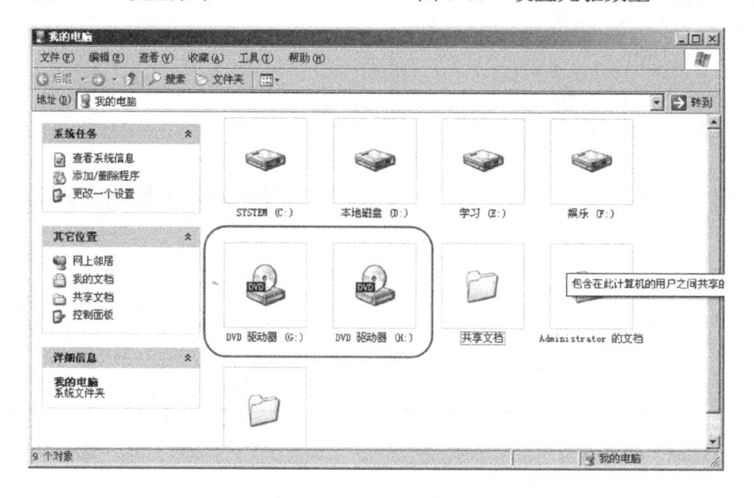

图 1-62　创建虚拟光驱成功

步骤 2　装载映像文件。

选择【虚拟 CD/DVD-ROM】→【设备 1: [H:]无媒体】→【装载映像】命令，如图 1-63 所示，弹出“选择映像文件”对话框，如图 1-64 所示。这里选择 E 盘目录下的“ISO”文件作为被装载的映像文件。单击【打开】按钮完成装载，此时在“我的电脑”窗口中查看虚拟光驱，H 盘已经显示映像文件的信息图标，如图 1-65 所示。

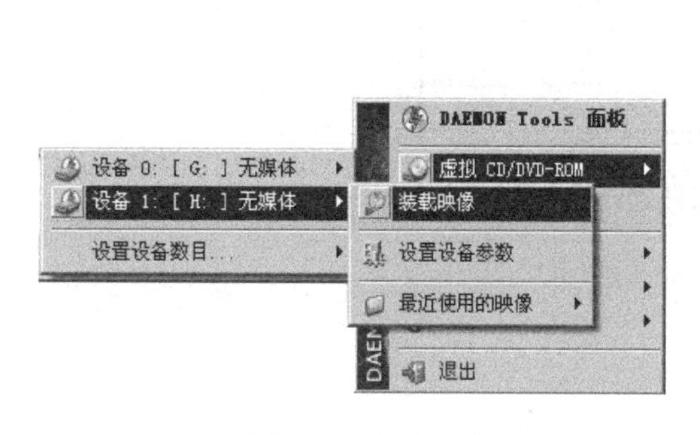

图 1-63　装载映像

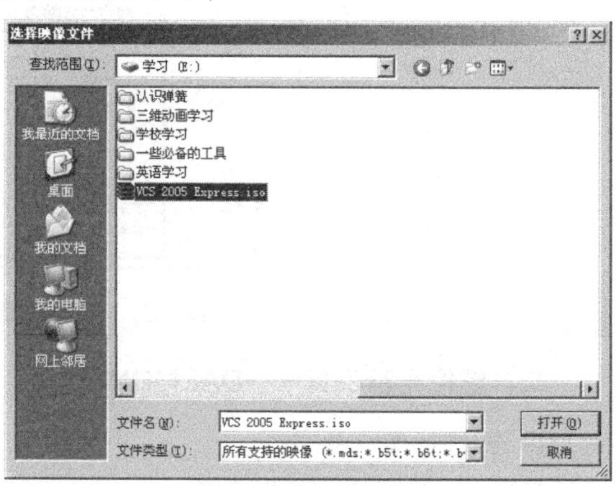

图 1-64　选择映像文件

图 1-65　装载映像文件完成

2．卸载映像文件

步骤 1　装载映像文件成功后，选择【虚拟 CD/DVD-ROM】→【设备 1: [H:] VCS】→【弹出】命令，可以像弹出真实光驱一样将虚拟映像文件弹出，如图 1-66 所示。

步骤 2　选择“弹出”命令之后，此时 H 盘的图标如图 1-67 所示。

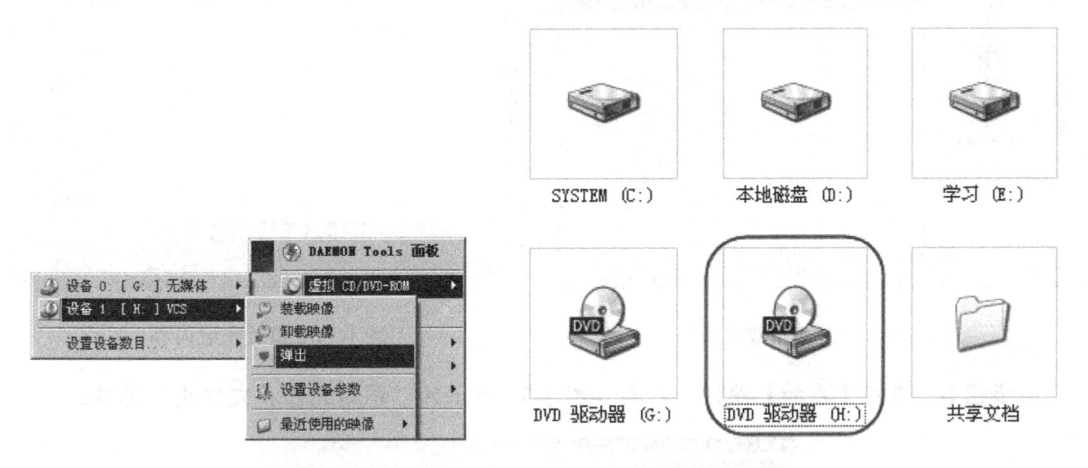

图 1-66　选择“弹出”　　　　图 1-67　弹出映像文件

步骤 3　当映像文件使用完之后，可以将其卸载，选择【虚拟 CD/DVD-ROM】→【设备 1: [H:] VCS】→【卸载映像】命令，可以将其卸载，卸载后可以为虚拟光驱加载新的映像文件，如图 1-66 所示。

三、光盘刻录工具——Nero

1．制作数据 DVD

步骤 1　启动 Nero，打开如图 1-68 所示的操作界面，将可刻录的空白 DVD 插入刻录机。

步骤 2　切换到“翻录和刻录”选项卡，如图 1-69 所示。

步骤 3　单击“刻录数据光盘”按钮，打开如图 1-70 所示的窗口，选择刻录的数据类型。

图 1-68　Nero 8 操作界面

图 1-69　“翻录和刻录”选项卡

步骤 4　选择【数据光盘】→【数据 DVD】命令，进入如图 1-71 所示的“光盘内容”窗口。

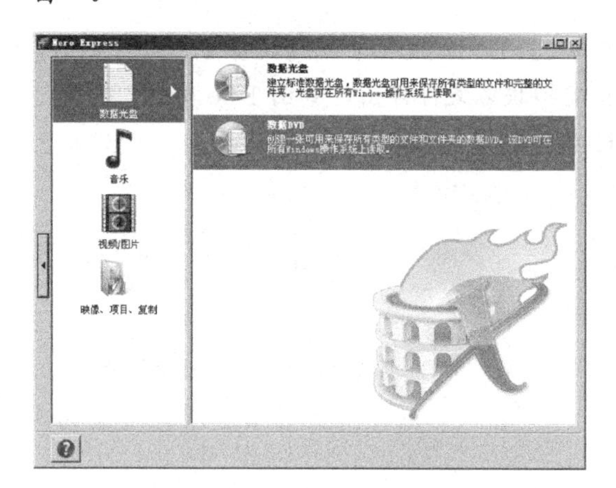

图 1-70　选择刻录数据类型

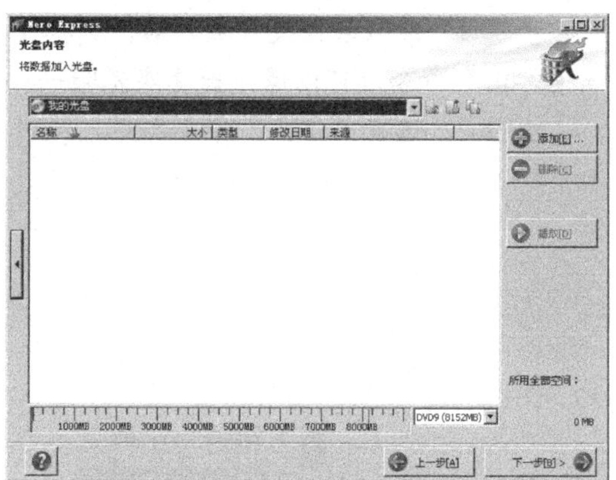

图 1-71　设置光盘内容

步骤 5　单击【添加】按钮，打开如图 1-72 所示的“添加文件和文件夹”窗口。

图 1-72　添加文件

步骤 6　双击要选择的文件之后，单击【添加】按钮添加文件。添加完成后单击【关闭】按钮，此时“光盘内容”向导页中显示刚才添加的文件列表。

步骤7　单击【下一步】按钮，进入“最终刻录设置”窗口，如图1-74所示。在此向导页中可以选择刻录机和设置光盘名称。

图1-73　添加的文件列表

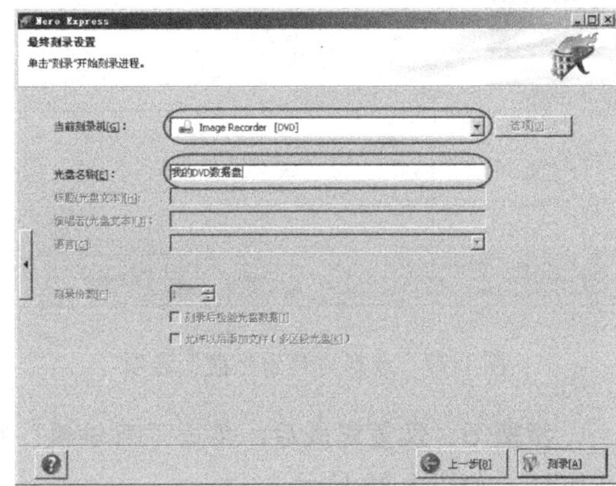

图1-74　最终刻录设置

步骤8　单击【刻录】按钮，进行光盘刻录，如图1-74所示。

步骤9　刻录完成后，弹出如图1-76所示的提示对话框。单击【确定】按钮，完成刻录操作。

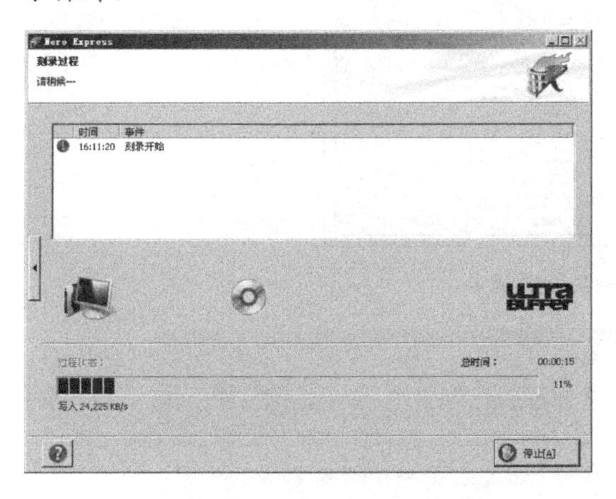

图1-75　刻录过程

图1-76　刻录完毕

2．刻录音乐CD

步骤1　选择【开始】→【所有程序】→【Nero 8】→【Nero Burning Rom】命令，启动Nero Burning Rom，将可刻录的空白CD插入刻录机。

步骤2　在Nero Burning Rom操作界面中单击【新建】按钮，在弹出的“新编辑”对话框中选择“音乐光盘”选项，如图1-77所示。

步骤3　切换到“音乐CD选项”选项卡，设置将用于处理音乐CD上的CDA文件策略，如图1-78所示。

步骤4　切换到“刻录”选项卡，设置“写入方式”、“刻录份数”等选项，可以一次刻录多个副本，如图1-79所示。

图 1-77　选择“音乐光盘”选项　　　　图 1-78　“音乐 CD 选项”选项卡

步骤 5　设置完成后，单击“新编辑”对话框中的【新建】按钮，打开音乐 CD 的编辑窗口，如图 1-80 所示。

图 1-79　“刻录”选项卡

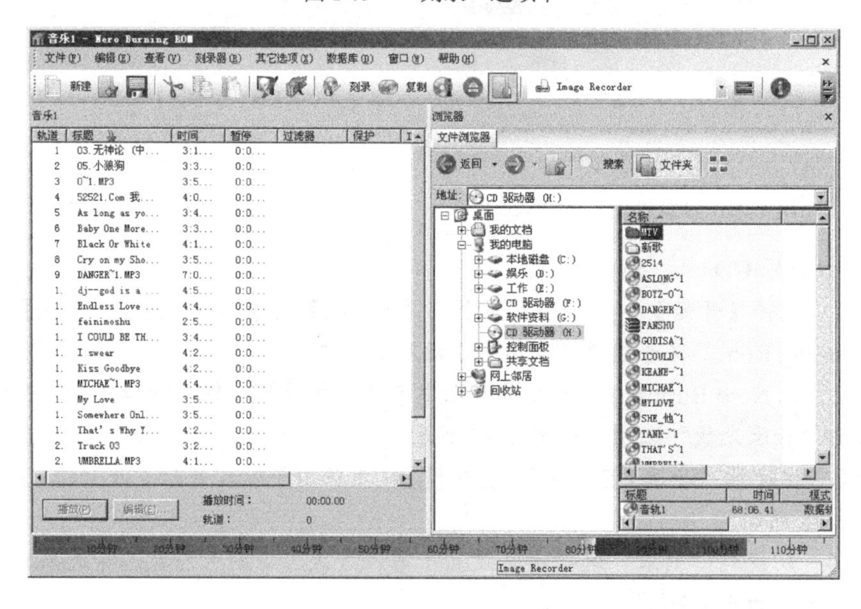

图 1-80　音乐 CD 的编辑窗口

步骤 6　打开音乐文件夹，然后拖动要刻录的音频文件到编辑窗口中。

步骤 7　双击音频文件，弹出如图 1-81 所示的“音频轨道属性”对话框，可以设置音乐文件的属性，如图 1-81 所示。

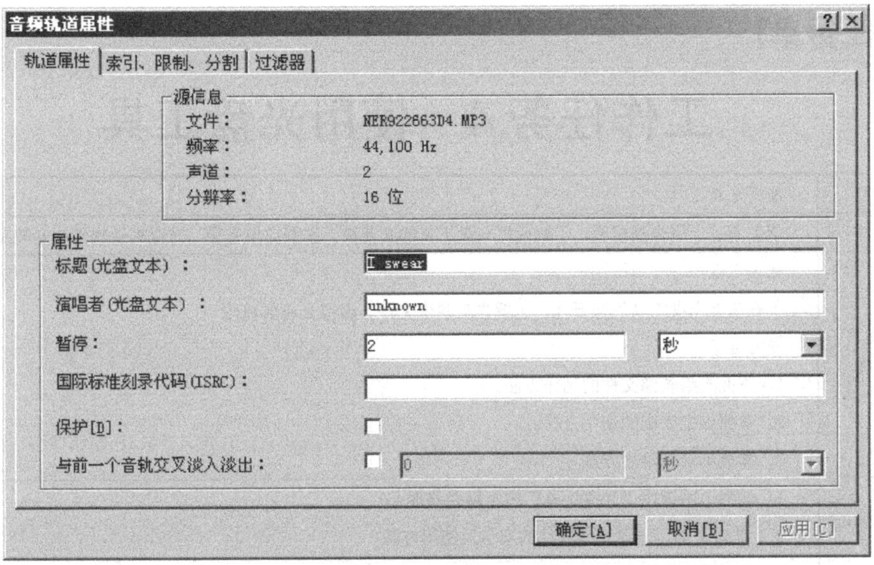

图 1-81　“音频轨道属性”对话框

步骤 8　设置完成后，单击“刻录”工具栏上的按钮，弹出如图 1-82 所示的“刻录编译”对话框。

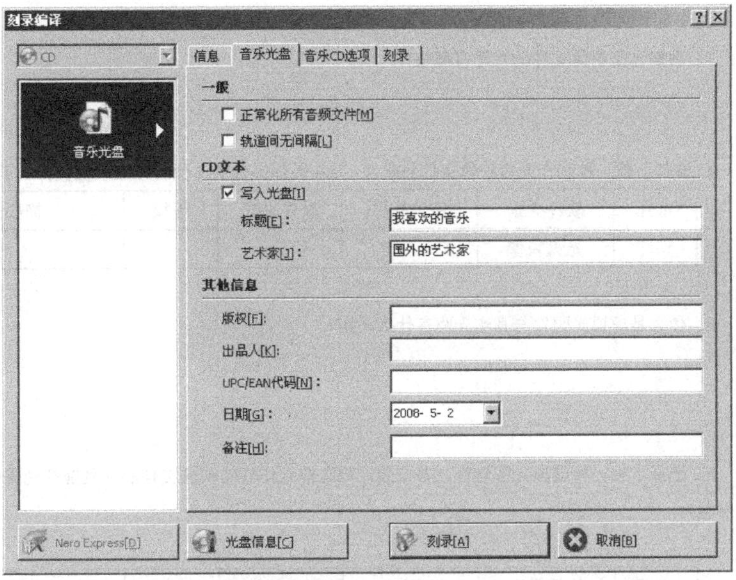

图 1-82　“刻录编译”对话框

步骤 9　确认设置后，单击【刻录】按钮开始刻录。

步骤 10　刻录完成后，再次插入刚刻录的音乐 CD，单击【光盘信息】按钮检查刻录的内容。

小贴士：如果在刻录的音乐 CD 中有噼啪声、嗡嗡声或嘶嘶声，则说明所谓的“音频抖动效果”可能有问题。这是由于读取音频数据时硬件所具有的问题造成的，与 Nero 8 软件无关。

[工作任务单]

工作任务 4　使用光盘工具

<table>
<tr><td>任务名称</td><td>使用光盘工具</td></tr>
<tr><td>任务描述</td><td>学生通过上网查找资料，了解使用光盘工具的必要性，掌握虚拟光驱、光盘刻录软件的安装及使用方法</td></tr>
<tr><td>学习目标</td><td>知识目标：
了解使用光盘工具的必要性，了解光盘映像文件、虚拟光驱的概念。
能力目标：
1．掌握光盘映像文件的制作方法。
2．掌握虚拟光驱的使用方法。
3．掌握刻录光盘的方法</td></tr>
<tr><td>考核内容</td><td>1．学生上网查找“光盘工具”的资料并整理。
2． 虚拟光驱、光盘刻录软件的安装及使用方法</td></tr>
<tr><td>工作过程</td><td>1．常见的光盘格式有哪些？

2．什么是光盘映像文件？

3．制作光盘映像文件的软件有哪些？

4．选择下载一种制作光盘映像文件的软件，并将教师提供的文件制作成映像文件。（操作过程截图保存）
<table>
<tr><td rowspan="2">选择软件</td><td>软件类别</td><td>所选软件</td><td>软件来源</td><td>版权</td><td>简要介绍</td></tr>
<tr><td>光盘映像</td><td></td><td></td><td></td><td></td></tr>
</table>
5．什么是虚拟光驱？与真实光驱有什么区别？

6．选择下载一种虚拟光驱软件，并安装，将之前制作好的映像文件添加到虚拟光驱中（操作过程截图保存）。
<table>
<tr><td rowspan="2">选择软件</td><td>软件类别</td><td>所选软件</td><td>软件来源</td><td>版权</td><td>简要介绍</td></tr>
<tr><td>虚拟光驱</td><td></td><td></td><td></td><td></td></tr>
</table>
7．常见的光盘刻录工具有哪些？</td></tr>
</table>

续表

<table>
<tr><td>工作过程</td><td>8．选择下载一种光盘刻录工具并安装，将不同类型的文件进行刻录（数据文件、DVD、CD）
<table>
<tr><td rowspan="2">选择软件</td><td>软件类别</td><td>所选软件</td><td>软件来源</td><td>版权</td><td>简要介绍</td></tr>
<tr><td>光盘刻录</td><td></td><td></td><td></td><td></td></tr>
</table>
✧ 制作刻录数据光盘文件（内容包括“片头.mov”、“3.2 敷设双绞线.mov”）分别保存为.nrg 文件和.ISO 文件。
✧ 录制音乐 CD，将“Jesse.Mccartney”解压缩，并选定其中的*.MP3 录制为 CD。
✧ 给数据光盘（局域网布线）完成封面、封底、插页和光盘背面设计，保存为“封面设计”</td></tr>
<tr><td colspan="2">本节课学习体会：</td></tr>
<tr><td rowspan="3">学生自评</td><td>
<table>
<tr><td>优秀</td><td>良好</td><td>合格</td></tr>
<tr><td>1．能够很好地遵守教学课堂、上机纪律，遵守《机房注意事项》，服从老师的管理；
2．能够很好地完成工作任务单；
3．初步具有软件知识产权的保护意识；
4．在给定的时间内小组能独立、正确使用工具软件完成工作任务</td><td>1．能够较好地遵守教学课堂、上机纪律，遵守《机房注意事项》，服从老师的管理；
2．能够较好地完成工作任务单；
3．初步具有软件知识产权的保护意识；
4．在给定的时间内，在老师的指导下，小组能正确使用工具软件完成工作任务</td><td>1．能够基本遵守教学课堂、上机纪律，遵守《机房注意事项》，服从老师的管理；
2．能够基本完成工作任务单；
3．初步具有软件知识产权的保护意识；
4．小组在给定的时间内能在老师的指导下，基本完成工作任务</td></tr>
<tr><td></td><td></td><td></td></tr>
</table>
</td></tr>
</table>

学习单元 2

成为网络高手

[单元学习目标]

➤ 知识目标

1. 了解网络工具软件的基本知识；
2. 熟练掌握几种常用的网络工具软件；
3. 了解计算机病毒的基本知识；
4. 掌握几款防病毒软件的使用。

➤ 能力目标

1. 具用独立安装和使用网络工具软件的本领；
2. 具有防范病毒，查杀病毒的基本能力；
3. 具有熟练使用网络工具软件解决上网问题的能力；
4. 具有利用反病毒软件解决因病毒的入侵出现的计算机故障。

➤ 情感态度价值观

1. 激发学生的学习兴趣，通过参与机房网络设置工作，增强学生对待学习的自信心与成就感。

2. 通过学习使学生具有热爱专业，刻苦钻研的精神。

3. 通过学习进一步拓展学生的知识视野，提高学生的操作技能，并能将课堂所学知识与社会对计算机网络人才的需求紧密结合，为学生毕业后谋职奠定良好的基础。

[单元学习内容]

学习网络工具软件，包括：离线浏览工具、下载工具软件、网上联络工具、电子邮件管理软件、上传下载工具、主流软件防火墙、超级网管工具、服务器历史状况检测工具及网络嗅探工具，注意观察网络工具软件发展的新动态和计算机新病毒的出现，及时补充新的防病毒工具软件。

[工作任务]

工作任务1　使用文件传输工具

【任务描述】

学生通过讨论，制定为计算机安装软件的工作方案。并通过上网查找资料，了解文件传输的工作原理，掌握 CuteFTP 工具软件的使用方法。

【学习情境】

学校新建了一个机房，位于实验楼一层。所有设备已经连接到位，且网络连接已经做好。目前新的计算机除了安装操作系统之外，没有安装必备的软件，现在需要我们为计算机安装相应的软件，那么都需要安装哪些方面的软件？

【学习方式】

◇　活动形式：分组讨论，并将讨论结果记录。
　　　　　　　小组代表发言，阐述本组制定的方案的观点。

根据教师的提示，上网搜索相关内容，并填写工作任务单。

【工作流程】

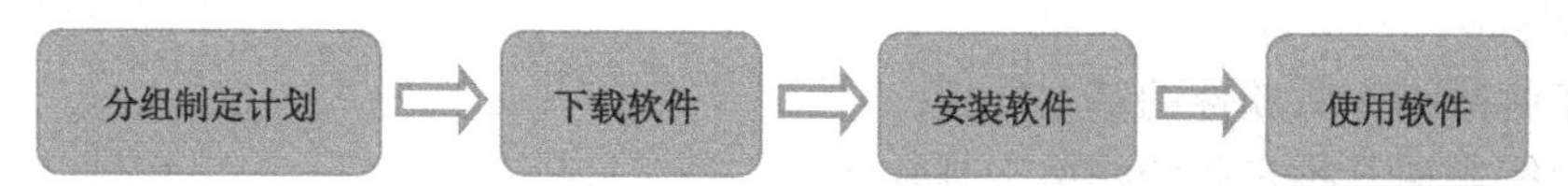

知识解析

一、资源下载工具——迅雷

迅雷是一款基于 P2SP 技术的免费下载工具，该软件支持多节点断点续传；支持不同的下载速率，同时还可以智能分析出哪个节点上传的速度最快，来提高用户的下载速度；支持各节点自动路由；支持多点同时传送并支持 HTTP、FTP 等标准协议，能够有效降低死链比例，即如果某个链接是死链，迅雷会搜索到其他链接来下载所需文件。

二、P2P 传输工具——BitComet

BitComet（比特彗星）是基于 BitTorrent 协议的 P2P 免费软件，也称为 BT 下载客户端。它支持多点下载，而且资源公开，并采用了多点对多点的原理，即每个用户在下载的同时，也在为其他用户提供上传，这样就不会使下载速度随着下载用户的增加而变慢，而是刚好相反，同时下载一个文件的用户越多，下载速度越快。

三、快速传输工具——CuteFTP

在网络中，利用电子邮件传输文件速度很慢，或是大一点的文件根本无法传输，而使用 FTP 可以很好地解决这些问题。

在 FTP 的使用当中，用户经常遇到两个概念：“下载”（Download）和“上传”（Upload）。“下载”文件就是从远程主机复制文件至自己的计算机上；“上传”文件就是将文件从自己的计算机中复制至远程主机上。用 Internet 语言来说，用户可通过客户机程序向（从）远程主机上传（下载）文件。

CuteFTP 是小巧强大的 FTP 工具之一，友好的用户界面，稳定的传输速度，是最好的 FTP 客户程序之一，如图 2-1 所示。

图 2-1　CuteFTP 8.3.2 操作界面

【操作步骤】

一、资源下载工具——迅雷

1. 快速下载文件

步骤 1　登录用户要下载资源的网站，在下载地址链接上右击，在弹出的快捷菜单中选择“使用迅雷下载”命令，如图 2-2 所示。

步骤 2　系统将启动迅雷，并弹出“建立新的下载任务”对话框，设置保存路径、名称，如图 2-3 所示。

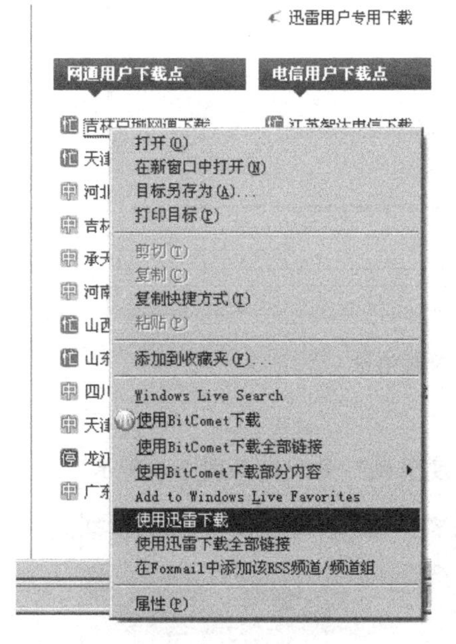

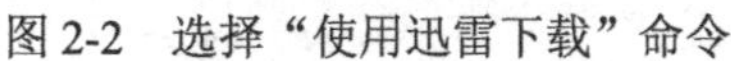

图 2-2　选择“使用迅雷下载”命令

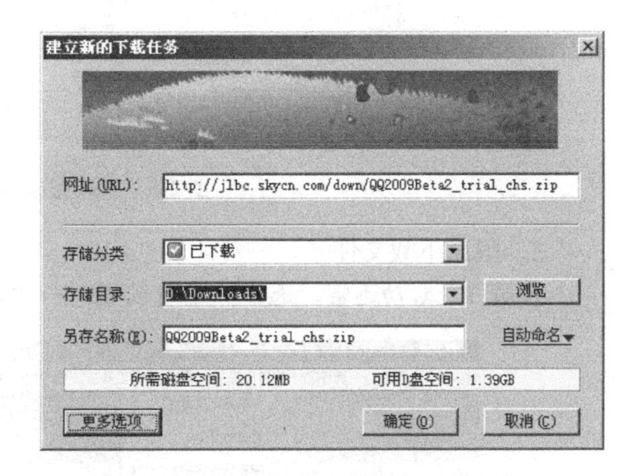

图 2-3　“建立新的下载任务”对话框

步骤 3　单击【确定】按钮，开始下载，在迅雷的操作界面中将显示文件的下载速度、完成进度等信息，如图 2-4 所示。

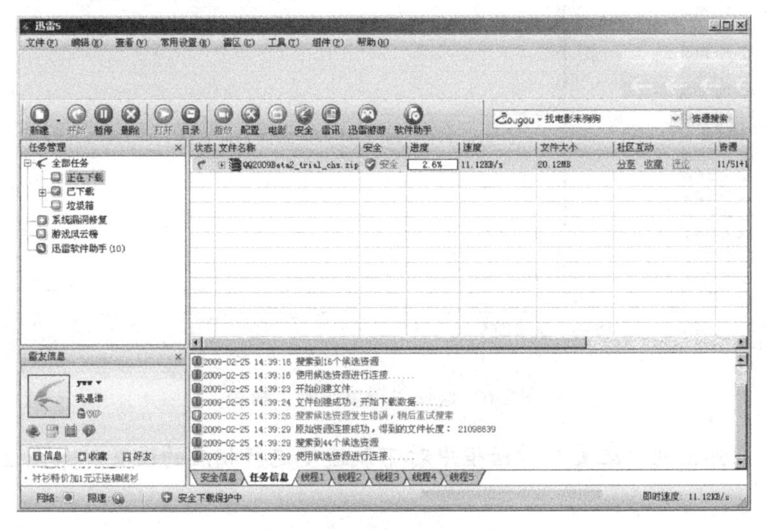

图 2-4　下载任务信息

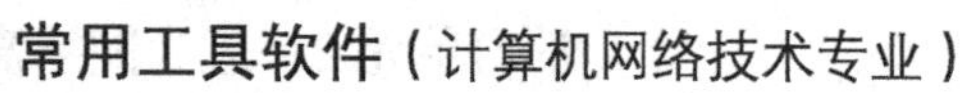

步骤 4 下载完成后，展开左侧面板中的“已下载”选项，可以看到下载完成后的文件信息，如图 2-5 所示。

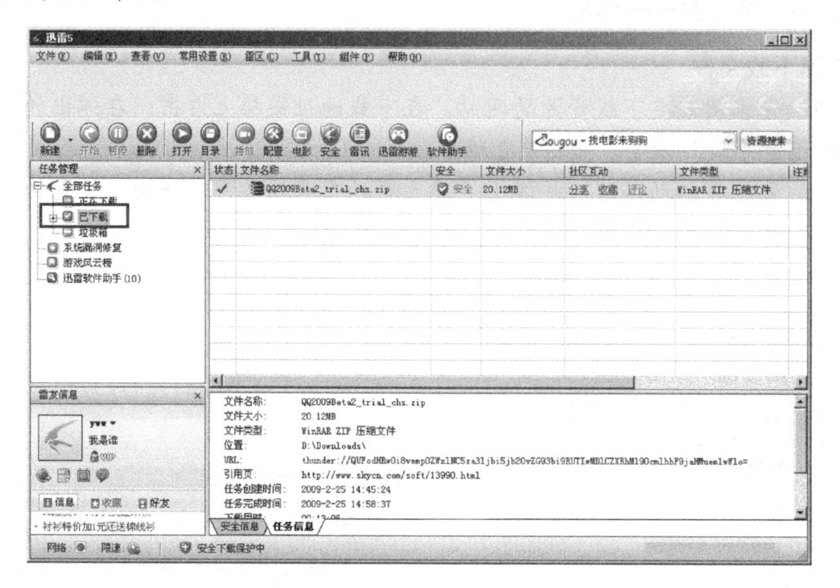

图 2-5 下载完成后的文件信息

2. 限速下载文件

步骤 1 启动迅雷，选择“常用设置”→“速度限制”命令，如图 2-6 所示。

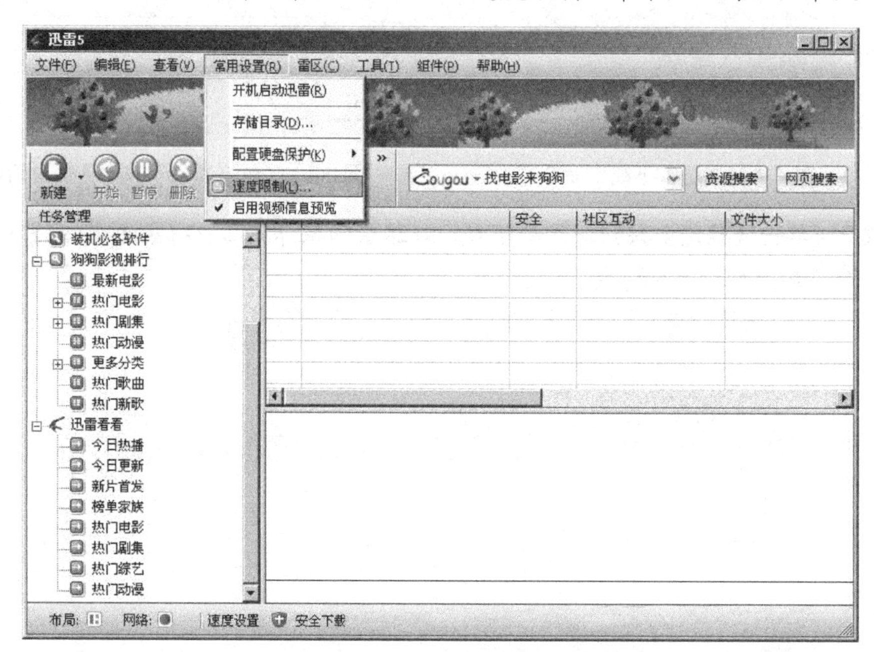

图 2-6 选择“速度限制”命令

步骤 2 在弹出的“配置”对话框中对下载速度进行相应的设置，如图 2-7 所示。

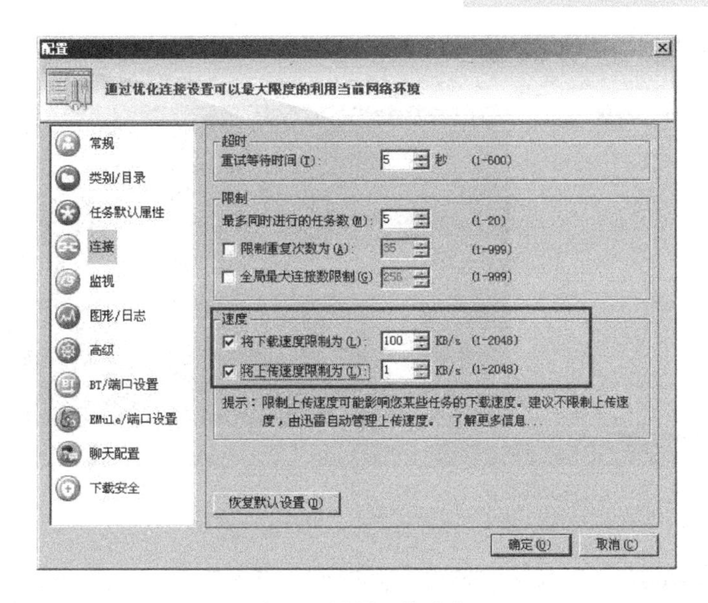

图 2-7 设置下载速度

步骤 3 设置完成后，单击【确定】按钮保存设置。迅雷就会对正在下载的文件进行限速下载，使文件下载的速度不会超过用户设定的速度，如图 2-8 所示。

图 2-8 限制下载速度

二、快速传输工具——CuteFTP

1．下载网络资源

步骤 1 快速连接

- 启动 CuteFTP，进入如图 2-9 所示的操作界面。

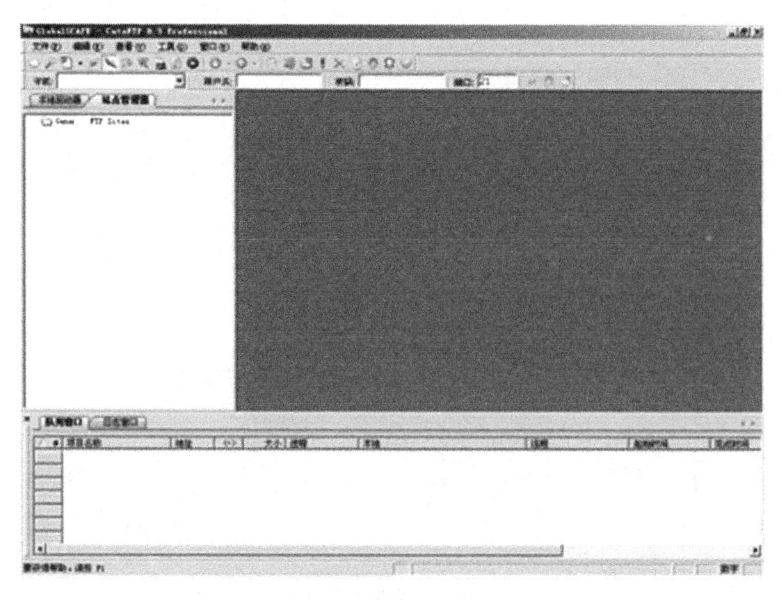

图 2-9　CuteFTP 8.3.2 操作界面

- 使用快速连接时不用新建站点，可以直接在“快速连接”面板中输入 FTP 主机的 IP 地址或域名，然后再输入用户名和密码，在没有特殊设置的情况下，端口使用默认设置即可，设置完成后单击 按钮，进行快速连接。

设置连接主机信息

- 连接成功后，在右侧面板处就会显示远程服务器的文件列表，在左侧面板会显示本地驱动器的信息，如图 2-10 所示。

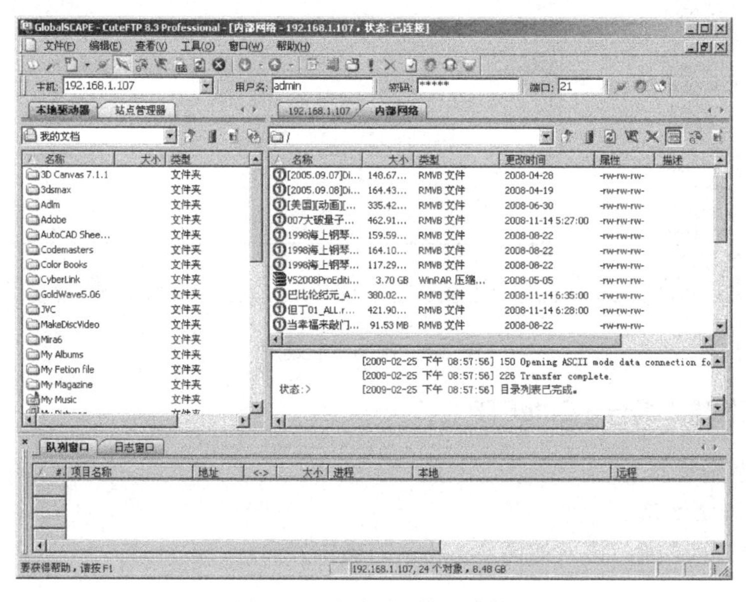

图 2-10　成功进行快速连接

步骤 2　建立站点

小贴士："站点"类似于一个存储器，可以把和站点有关的信息存入其中，当用户要连接某个远程服务器时，通过简单的操作就可以很快地连接到远程服务器进行上传或下载。同时这个功能对于管理站点也是很有用的。

- 选择【文件】→【新建】→【FTP 站点】命令，弹出"站点属性：内部网络"对话框，如图 2-11 所示。设置"标签"、"主机地址"、"用户名"、"密码"和"注释"等选项后，单击【确定】按钮，完成站点的创建，如图 2-11 所示。
- 站点创建成功后，在"站点管理器"面板中就出现名为"内部网络"的站点，如图 2-12 所示。

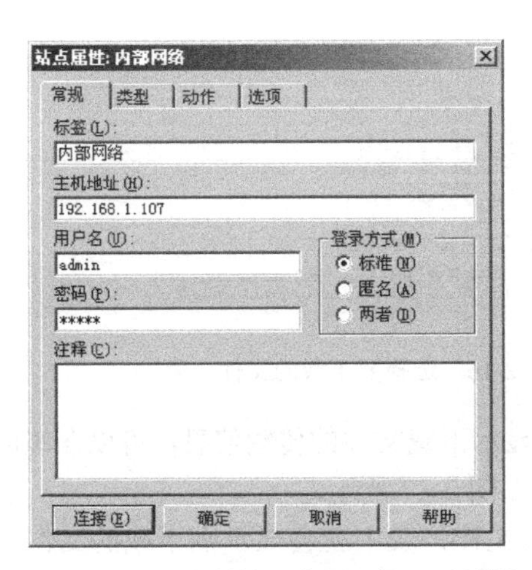

图 2-11　"站点属性：内部网络"对话框

图 2-12　新建站点成功

- 在"内部网络"站点上右击键，在弹出的快捷菜单中选择"连接"命令，如图 2-13 所示。这样就可以连接到远程服务器，连接成功后得到如图 2-14 所示的文件列表。

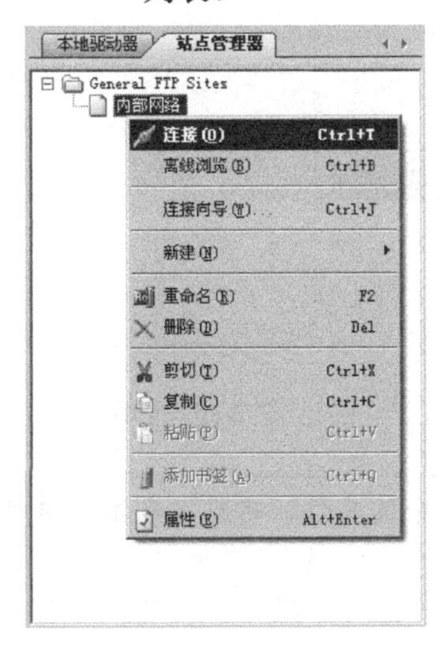

图 2-13　选择"连接"命令

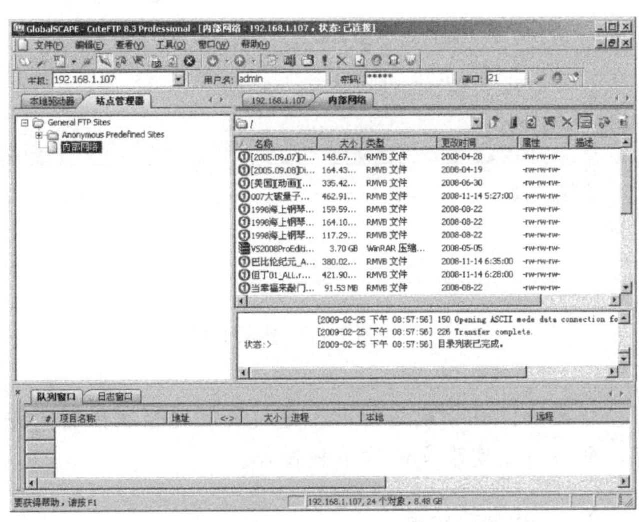

图 2-14　连接成功

步骤 3　下载资源

- 连接到远程服务器后，设置“本地驱动器”面板中的存储路径为“F:\movie”，此时该目录为空，如图 2-15 所示。
- 在远程服务器文件列表中选择要下载的文件，然后在其上单击鼠标右键，在弹出的快捷菜单中选择“下载”命令，如图 2-16 所示。

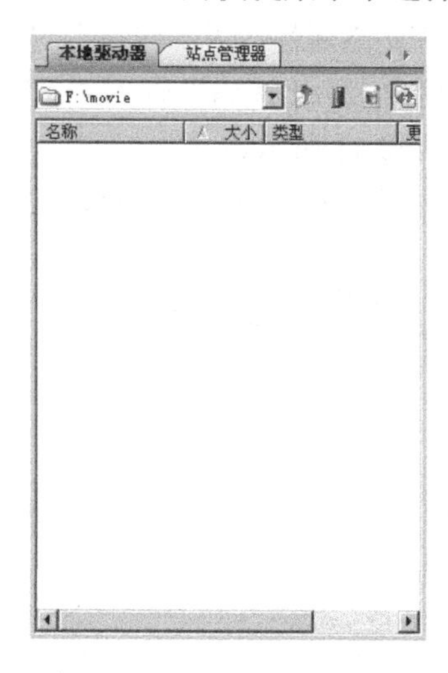

图 2-15　设置存储路径

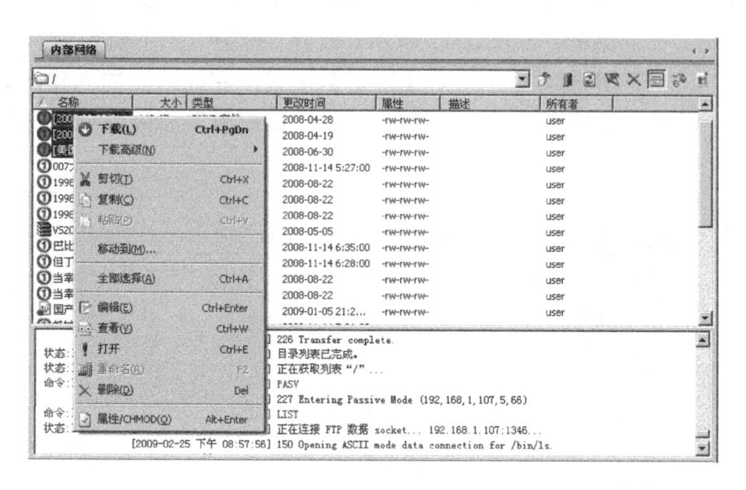

图 2-16　选择要下载的文件

- 开始下载后，在“队列窗口”面板中将显示下载文件的传输信息，可以在该面板中查看文件的传输进度、地址等信息，如图 2-17 所示。
- 下载完成后，在“本地驱动器”面板的文件列表中就会显示刚下载的文件，如图 2-18 所示。

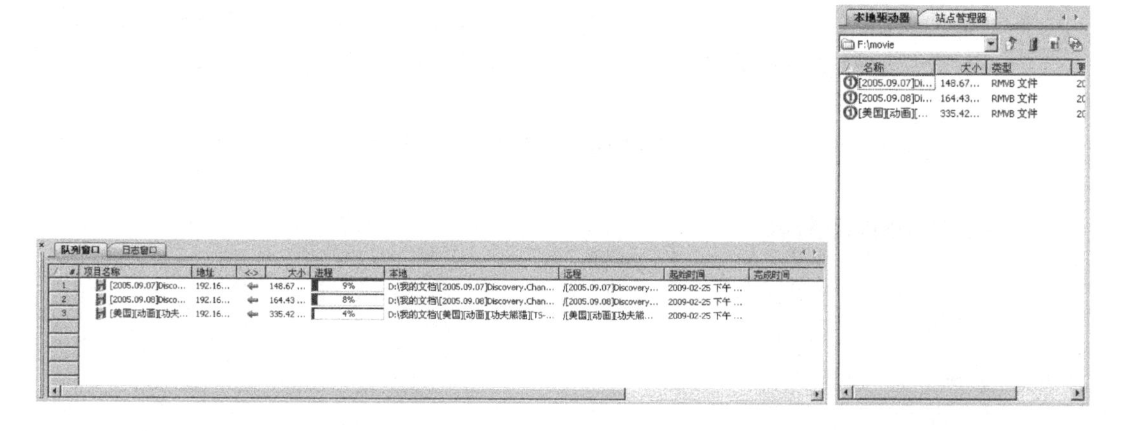

图 2-17　显示下载信息

图 2-18　下载成功

小贴士： 在下载过程中，通过复制远程服务器文件列表中的文件，再粘贴到本地磁盘上，同样可以实现文件的下载操作。

2．上传网络资源

步骤 1　连接到远程服务器。

● 在“本地驱动器”面板的文件列表中，选择要上传的文件右击，在弹出的快捷菜单中选择“上传”命令，将选中的文件上传到远程服务器，如图 2-19 和图 2-20 所示。

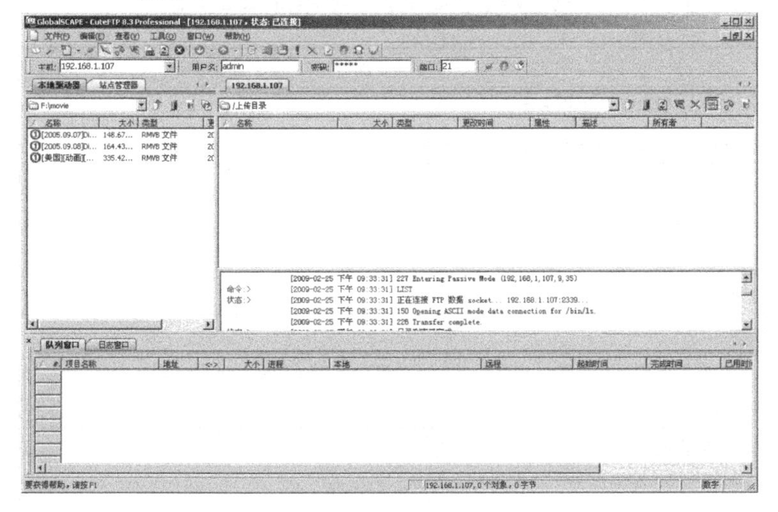

图 2-19　连接成功

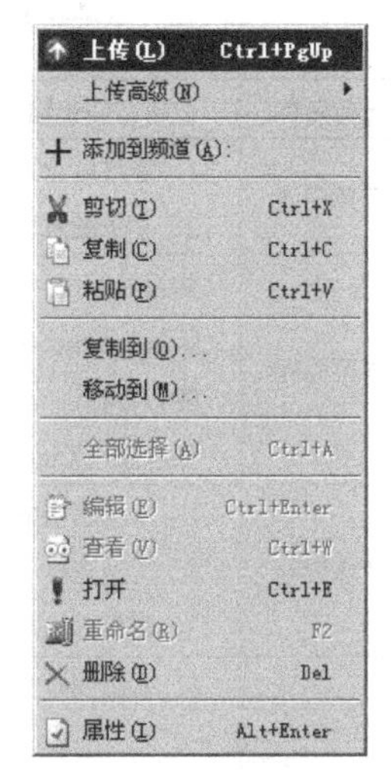

图 2-20　选择“上传”命令

● 在上传过程中，在下面的“队列窗口”面板中将同步显示上传信息，通过鼠标右键操作也可以进行相应的传输设置，如图 2-21 所示。

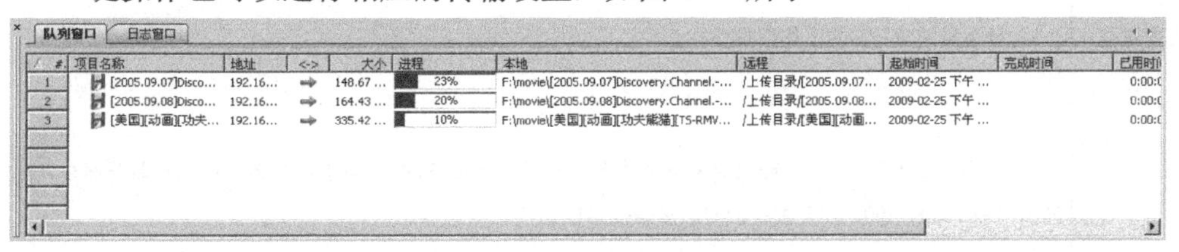

图 2-21　显示上传信息

● 上传成功后，在右侧的远程服务器文件列表中将出现刚上传的文件，如图 2-22 所示。

小贴士：在上传操作中，也可以通过复制本地磁盘上的文件，再粘贴到远程服务器的文件列表中来实现文件的上传操作。

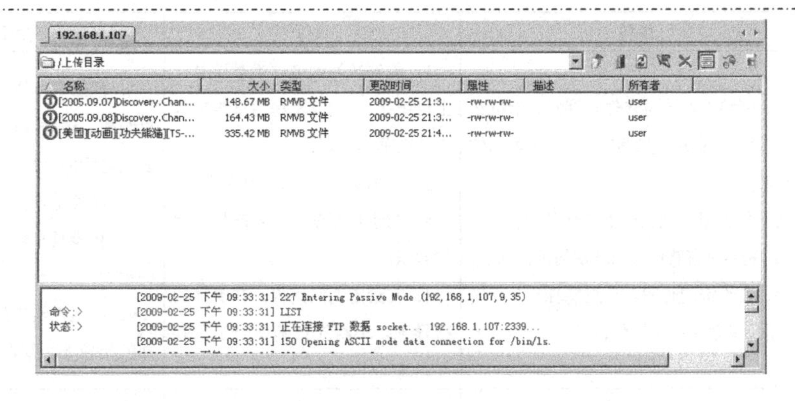

图 2-22　上传成功

[工作任务单]

工作任务1　使用文件传输工具

<table>
<tr><td>任务名称</td><td colspan="3">使用文件传输工具</td></tr>
<tr><td>任务描述</td><td colspan="3">1．通过讨论，制定为计算机安装软件的工作方案。
2．学生通过上网查找资料，了解文件传输的工作原理，掌握 CuteFTP 工具软件的使用方法</td></tr>
<tr><td>学习目标</td><td colspan="3">知识目标：
了解 Internet 中文件传输的原理。
能力目标：
熟练使用 CuteFTP 工具软件</td></tr>
<tr><td>考核内容</td><td colspan="3">1．本组制定的工作方案。
2．上网查找“文件传输工具”的资料并整理。
3．使用 CuteFTP 工具软件</td></tr>
<tr><td>工作过程</td><td colspan="3">1．本组制定为计算机安装软件的方案。

2．最终确定的安装工具软件的方案。

3．什么是 FTP？它的工作原理是什么？

4．使用 CuteFTP 将老师提供的素材文件夹上传至自己的 FTP 空间中，并将操作过程截图保存。地址：FTP://192.168.88.200，用户名：STU，密码：STU</td></tr>
<tr><td colspan="4">本节课学习体会：</td></tr>
<tr><td rowspan="3">学生自评</td><td>优秀</td><td>良好</td><td>合格</td></tr>
<tr><td>1．能够很好地遵守教学课堂、上机纪律，遵守《机房注意事项》，服从老师的管理；
2．能够很好地完成工作任务单；
3．初步具有软件知识产权的保护意识；
4．在给定的时间内小组能独立、正确使用工具软件完成工作任务</td><td>1．能够较好地遵守教学课堂、上机纪律，遵守《机房注意事项》，服从老师的管理；
2．能够较好地完成工作任务单；
3．初步具有软件知识产权的保护意识；
4．在给定的时间内，在老师的指导下，小组能正确使用工具软件完成工作任务</td><td>1．能够基本遵守教学课堂、上机纪律，遵守《机房注意事项》，服从老师的管理；
2．能够基本完成工作任务单
3．初步具有软件知识产权的保护意识；
4．小组在给定的时间内能在老师的指导下，基本完成工作任务</td></tr>
<tr><td></td><td></td><td></td></tr>
</table>

[工作任务]

工作任务2　使用网络即时通信工具

【任务描述】

学生进行讨论，制定使用即时通信工具的工作方案。并通过上网查找资料，了解有关软件的背景，掌握即时通信工具软件的使用方法。

【学习情境】

网络的主要功能是用户间进行网络通信，随着网络的飞速发展，网民越来越多，用户间的快速、简便、安全的通信方式尤为重要，学习几款网络即时通信工具软件，为我们使用网络打开方便之门。

【学习方式】

活动形式：

✧ 学生讲授，其余学生分组讨论，并将讨论结果记录。

✧ 根据工作单的步骤，上网搜索相关内容，学习使用软件，并填写工作任务单。

✧ 根据学生讲授情况进行小组评价（自评+互评）。

【工作流程】

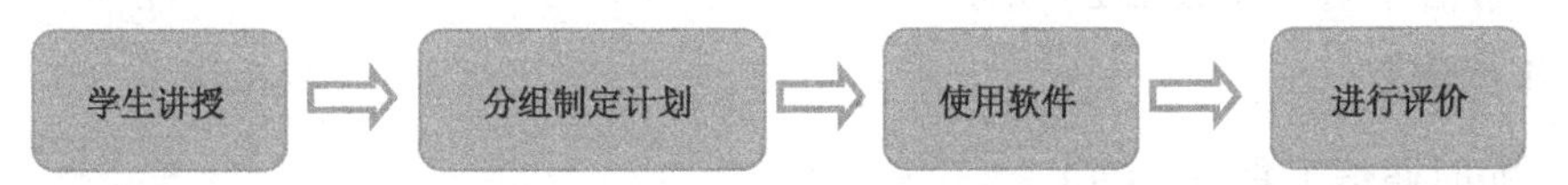

知识解析

一、即时通信工具——QQ

QQ 是深圳市腾信计算机系统有限公司开发的一款基于 Internet 的即时通信（IM）软件。腾讯 QQ 支持在线聊天、视频电话、点对点断点续传文件、共享文件、网络硬盘、自定义面板、QQ 邮箱等多种功能，并可与移动通信终端等多种通信方式相连。1999 年 2 月，腾讯正式推出第一个即时通信软件——“腾讯 QQ”，QQ 在线用户由 1999 年的 2 人到现在已经发展到上亿用户了，在线人数超过一亿。是目前使用最广泛的聊天软件之一，如图 2-23 所示。

图 2-23　QQ 图标

QQ 以前是模仿 ICQ 来的，ICQ 是国际的一个聊天工具，是 I seek you（我寻找你）的意思，OICQ 模仿它在 ICQ 前加了一个字母 O，意为 Opening I seek you，意思是“开放的 ICQ”，但是遭到了控诉说它侵权，于是腾讯将 OICQ 改了名字叫 QQ，就是现在我们用的 QQ，除了名字，腾讯 QQ 的标志却一直没有改，一直是小企鹅。

二、即时通信工具——MSN

MSN 全称 Microsoft Service Network（微软网络服务），是微软公司推出的即时消息软

图 2-24　MSN 图标

件，可以与亲人、朋友、工作伙伴进行文字聊天、语音对话、视频会议等即时交流，还可以通过此软件来查看联系人是否联机。微软 MSN 移动互联网服务提供包括手机 MSN（即时通信 Messenger）、必应移动搜索、手机 SNS（全球最大 Windows Live 在线社区）、中文资讯、手机娱乐和手机折扣等创新移动服务，满足了用户在移动互联网时代的沟通、社交、出行、娱乐等诸多需求，在国内拥有大量的用户群，如图 2-24 所示。

三、移动聊天工具——飞信（Fetion）

飞信是中国移动的综合通信服务，即融合语音（IVR）、GPRS、短信等多种通信方式，覆盖三种不同形态（完全实时的语音服务、准实时的文字和小数据量通信服务、非实时的通信服务）的客户通信需求，实现互联网和移动网间的无缝通信服务。

飞信除具备聊天软件的基本功能外，飞信可以通过 PC、手机、WAP 等多种终端登录，实现 PC 和手机间的无缝即时互通，保证用户能够实现永不离线的状态；同时，飞信所提供的好友手机短信免费发、语音群聊超低资费、手机计算机文件互传等更多强大功能，令用户在使用过程中产生更加完美的产品体验；飞信能够满足用户以匿名形式进行文字和语音的沟通需求，在真正意义上为使用者创造了一个不受约束、不受限制、安全沟通和交流的通信平台，如图 2-25 所示。

图 2-25　飞信图标

【操作步骤】

一、即时通信工具——QQ

1．使用 QQ

步骤 1　登录 QQ，如图 2-26 所示。

图 2-26　QQ 登录窗口

步骤 2　登录成功后显示的窗口如图 2-27 所示。

步骤3　进行系统设置，如图 2-28 所示。

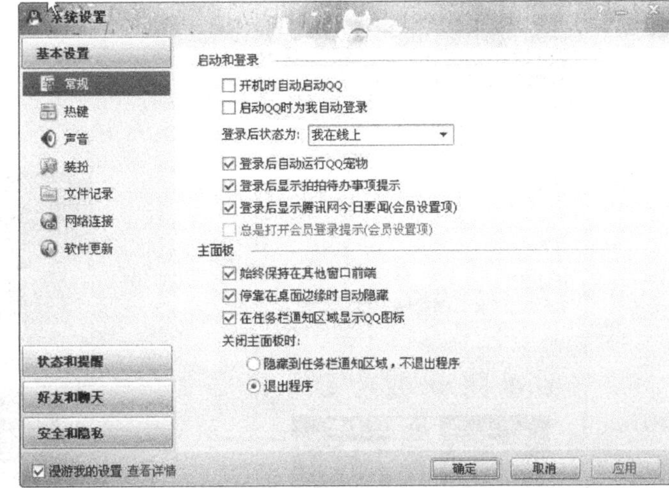

图 2-27　QQ 2010 主窗口　　　　图 2-28　系统设置窗口

步骤4　设置消息管理器，如图 2-29 所示。

步骤5　修改主窗口背景，如图 2-30 所示。

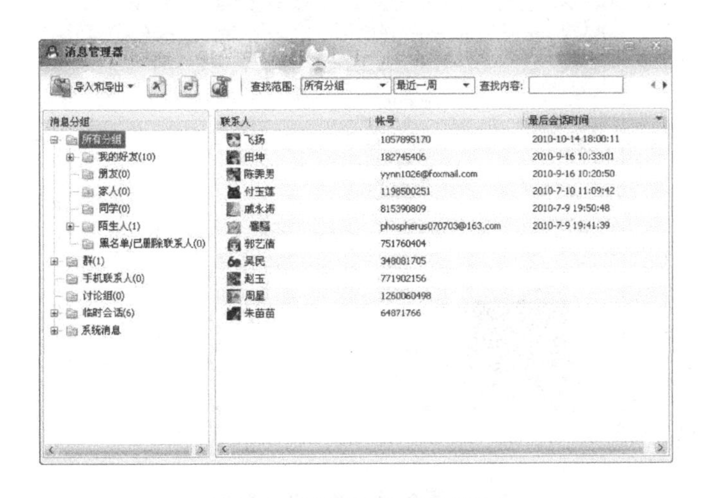

图 2-29　消息管理器设置窗口　　　　图 2-30　修改主窗口背景

二、即时通信工具——MSN

1．向个人发送消息

（1）登录 MSN，其操作界面如图 2-31 所示。

（2）双击一个联系人名称，打开对话窗口。

（3）在消息输入框中输入待发送的消息，按【Enter】键，发送消息，如图 2-32 所示。

图 2-31　MSN 操作界面

图 2-32　对话窗口

2．向多人发送消息

（1）选择【操作】→【发送即时消息】命令，打开联系人选择窗口，单击联系人名称，可以添加多个联系人。

（2）单击 确定(O) 按钮，打开多人对话窗口，在消息输入框中输入待发送的消息，按【Enter】键，可实现多人对话，如图 2-33 和图 2-34 所示。

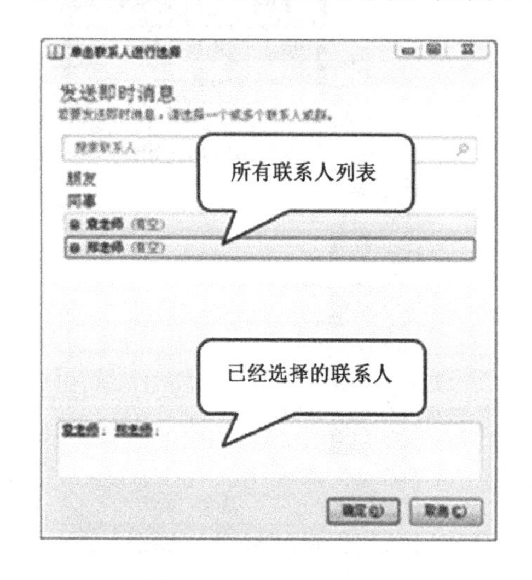

图 2-33　添加多个联系人

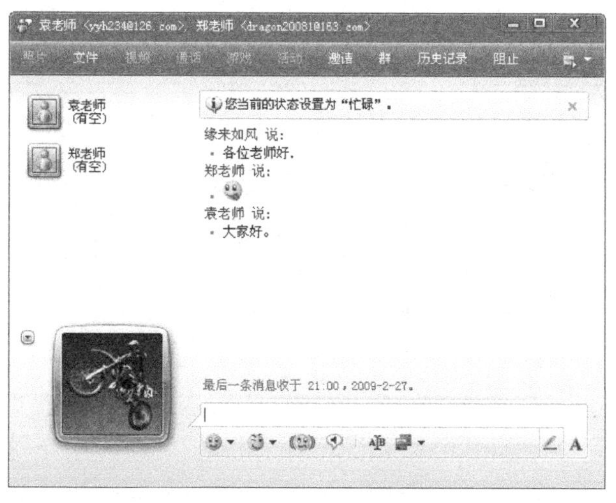

图 2-34　多人对话窗口

3．传输文件

（1）双击联系人名称，打开对话窗口，选择【文件】→【发送一个文件或照片】命令，传输文件，随即弹出“发送文件给×××”对话框，选择要发送的文件，如图2-35和图2-36所示。

图2-35　选择【文件】/【发送一个文件或照片】命令

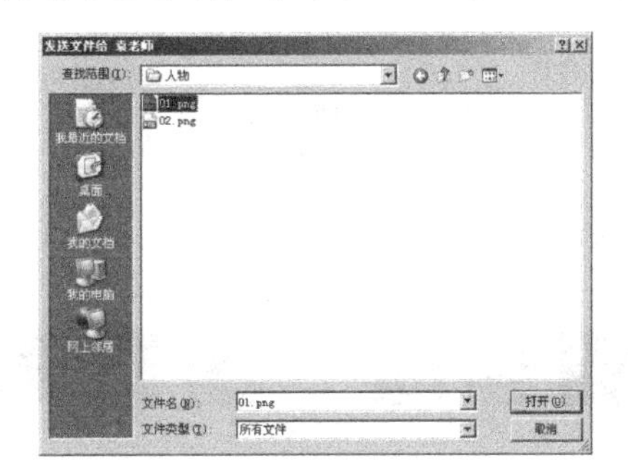

图2-36　选择要传输的文件

（2）单击 打开(O) 按钮，回到对话窗口，等待对方的接收，如图2-37所示。

（3）对方接收完成后，将显示如图2-38所示的信息。

图2-37　等待接收

图2-38　接收完成

4．修改设置

（1）自定义“消息”和“声音”，具体设置如图2-39所示。

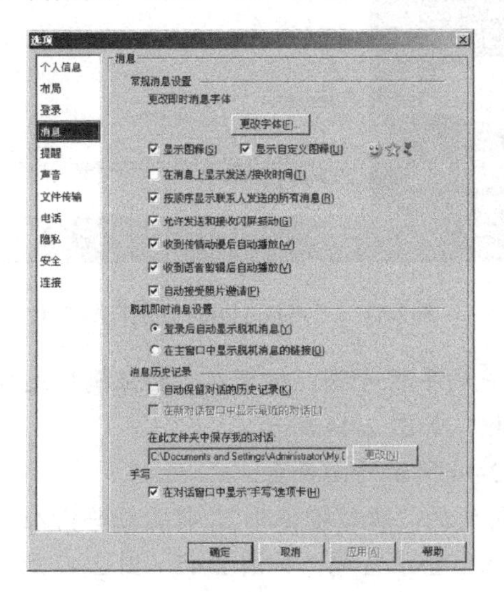

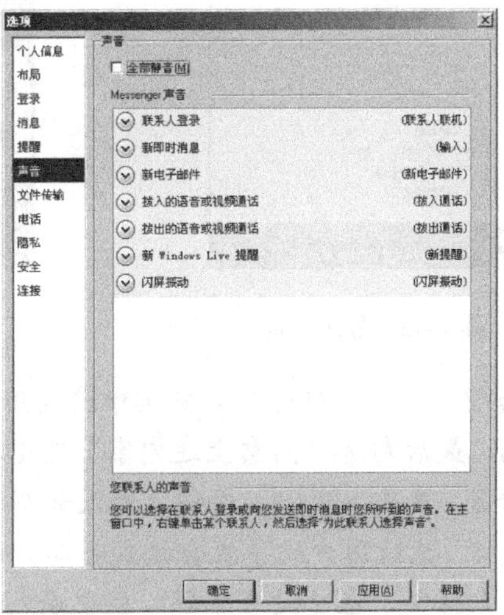

图2-39　设置“消息”和“声音”面板

（2）在对话框中使用背景，如图 2-40 所示。

（3）发送手写消息，如图 2-41 所示。

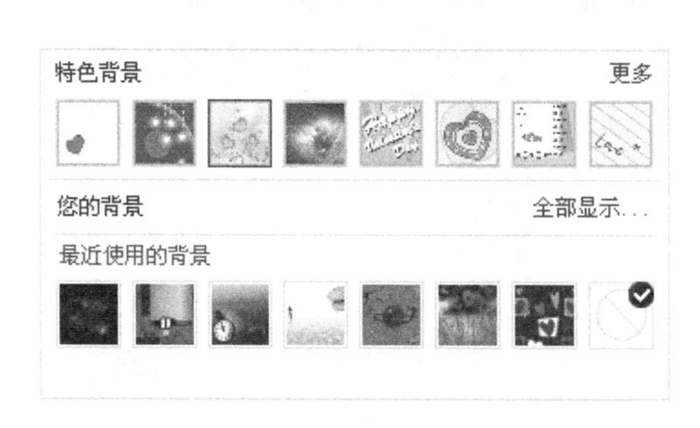

图 2-40　选择背景

图 2-41　发送手写消息

三、移动聊天工具——飞信

1．手机捆绑

步骤 1　启动飞信，进入登录界面。单击如图 2-42 所示标记处的“注册新用户”链接，弹出“Fetion 2008 注册向导”对话框，如图 2-43 所示。

图 2-42　登录界面

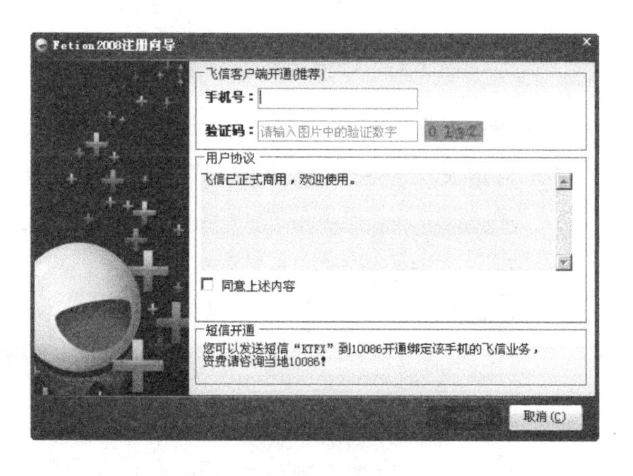

图 2-43　“Fetion 2008 注册向导”对话框

步骤 2　在“手机号”文本框中输入用户的手机号码，然后在“验证码”文本框中输入验证码，最后勾选“同意上述内容”复选框，如图 2-44 所示。

步骤 3　单击 下一步(N) 按钮，进入如图 2-44 所示的向导页。

步骤 4　此时用户的手机会收到移动公司发的“短信验证码”，将验证码输入“短信验证码”文本框中，在“设置密码”栏中输入飞信登录密码，如图 2-45～图 2-47 所示。

步骤 5　单击 下一步(N) 按钮，完成注册。同时，用户的手机已经与飞信捆绑在一起。

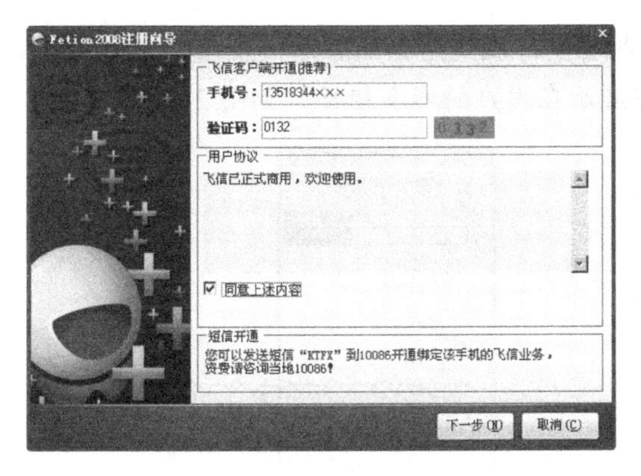

图 2-44　输入手机号和验证码

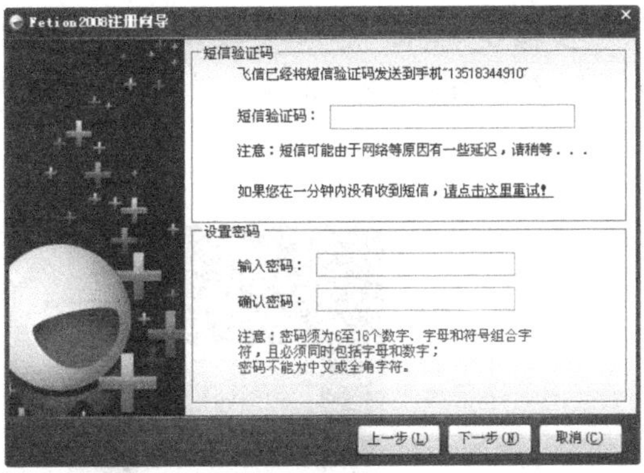

图 2-45　要求输入短信验证码和密码

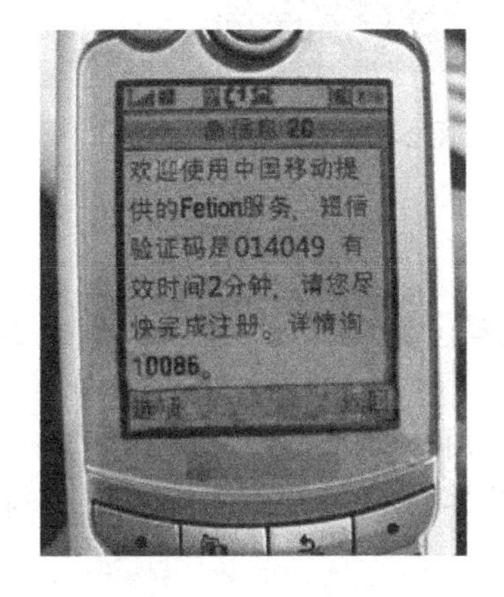

图 2-46　收到短信验证码

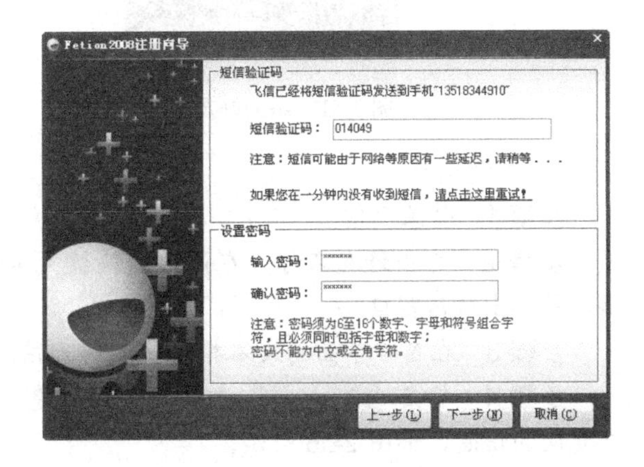

图 2-47　输入验证码和密码

2．添加好友

步骤 1　登录飞信，其界面如图 2-48 所示。

步骤 2　填写添加好友向导，单击 按钮，弹出"添加好友"对话框，在"对方手机号"文本框中输入好友手机号码，然后在"我是"文本框中输入自己的名字（告诉好友你是谁），最后在"昵称"文本框中输入好友名称，效果如图 2-49 和图 2-50 所示。

图 2-48　飞信界面

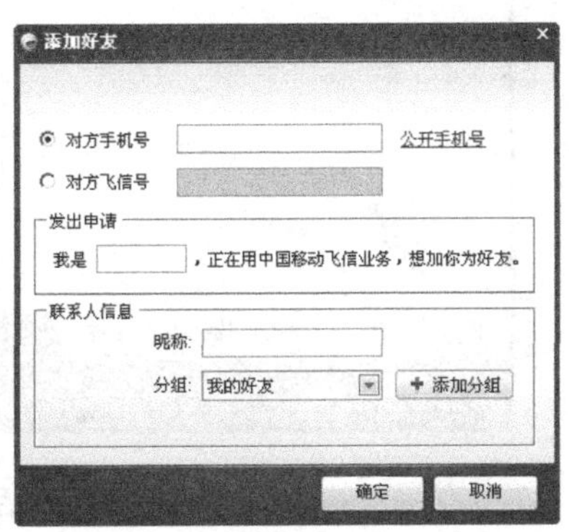

图 2-49　"添加好友"对话框

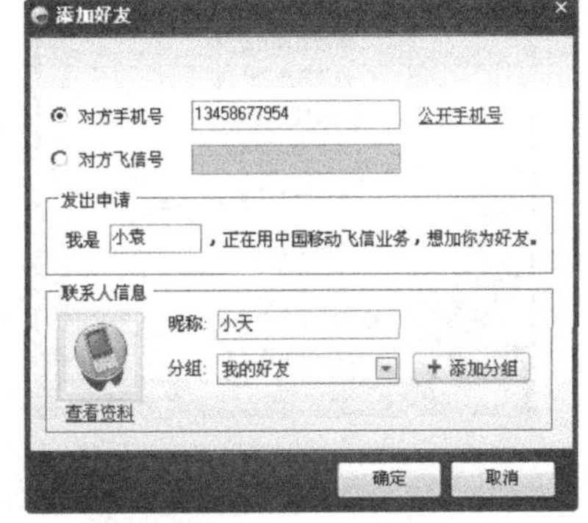

图 2-50　输入好友信息

步骤3　单击 确定(O) 按钮，此时好友手机会立即收到用户的添加好友短信，如图2-51所示，对方回复“Y”则添加成功，就会立即显示在用户的好友组里，如图2-52所示。

图2-51　添加好友短信

图2-52　添加成功

3．发送信息

步骤1　登录飞信。

步骤2　右击好友名称，在弹出的快捷菜单中选择“发送短信”命令，如图2-53所示，将弹出对话窗口。

步骤3　在窗口下面的文本框中输入聊天信息，如图2-54所示。

步骤4　单击 发送短信 按钮，发送信息，如图2-55所示。对方手机会立即收到用户发送的信息，如图2-56所示。

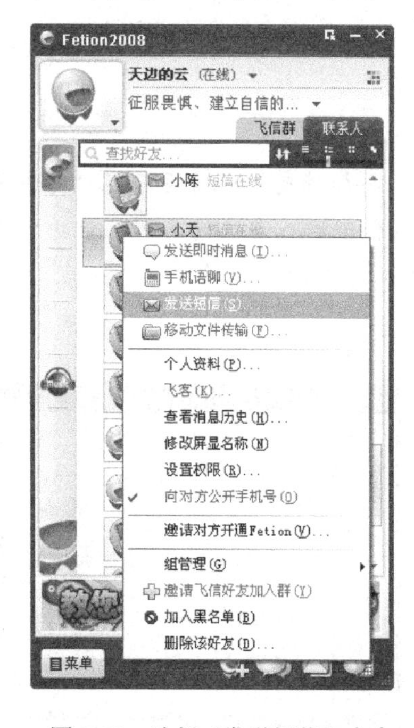

图2-53　选择“发送短信”命令

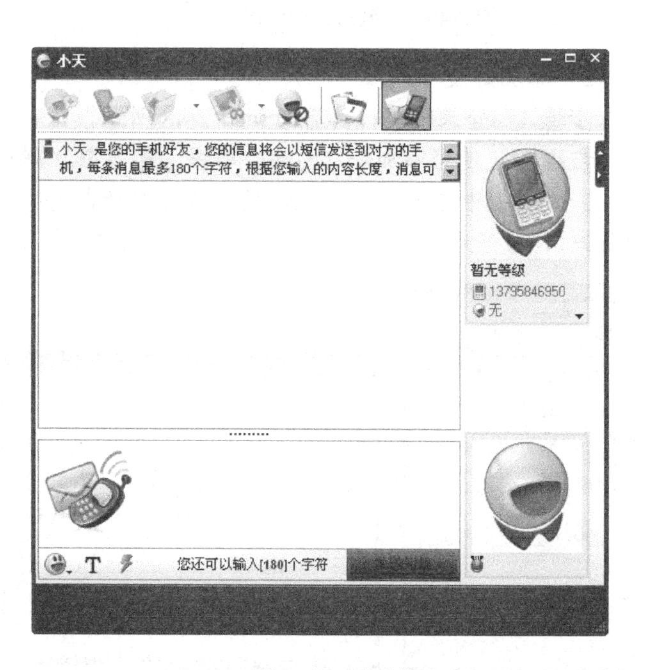

图2-54　对话窗口

图 2-55　输入聊天信息

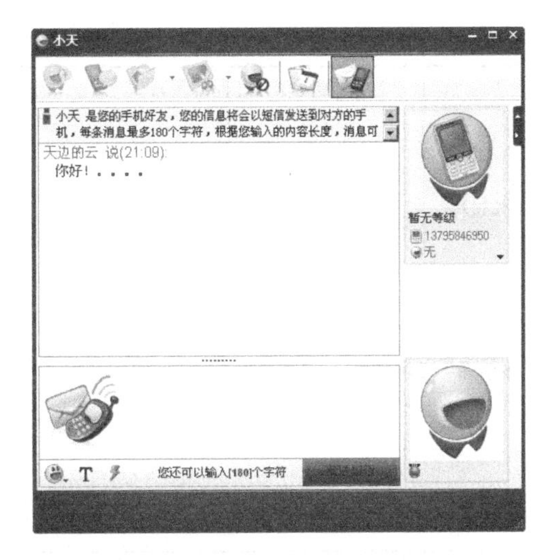

图 2-56　发送短信

[工作任务单]

工作任务 2　使用网络即时通信工具

任务名称	使用网络即时通信工具
任务描述	1．通过讨论，制定为计算机安装软件的工作方案。 2．学生通过上网查找资料，了解常见的网络即时通信工具的特点，熟练使用 QQ、MSN、飞信三种常见即时通信工具
学习目标	知识目标： 了解常见的网络即时通信工具的特点。 能力目标： 1．熟练使用 QQ 工具软件。 2．熟练使用 MSN。 3．熟练使用飞信
考核内容	使用网络即时通信工具进行对话并传送文件。
工作过程	1．安装腾讯 QQ 软件，并登录。 2．使用 QQ 向同组同学发送一个图片文件。 3．将自己添加至班级群中，并发送“你好，我已成功加入”信息。操作过程须截图。 4．安装 MSN 并注册用户。 5．更换 MSN 主题。 6．向已添加好友发送一个图片

续表

<table>
<tr><td>工作过程</td><td colspan="3">7. 安装飞信（过程截图）。

8. 成功申请飞信账号并登录。

9. 添加 5 个飞信好友</td></tr>
<tr><td colspan="4">本节课学习体会：</td></tr>
<tr><td rowspan="3">学生自评</td><td>优秀</td><td>良好</td><td>合格</td></tr>
<tr><td>1. 能够很好地遵守教学课堂、上机纪律，遵守《机房注意事项》，服从老师的管理；
2. 能够很好地完成工作任务单；
3. 初步具有软件知识产权的保护意识；
4. 在给定的时间内小组能独立、正确使用工具软件完成工作任务</td><td>1. 能够较好地遵守教学课堂、上机纪律，遵守《机房注意事项》，服从老师的管理；
2. 能够较好地完成工作任务单；
3. 初步具有软件知识产权的保护意识；
4. 在给定的时间内，在老师的指导下，小组能正确使用工具软件完成工作任务</td><td>1. 能够基本遵守教学课堂、上机纪律，遵守《机房注意事项》，服从老师的管理；
2. 能够基本完成工作任务单；
3. 初步具有软件知识产权的保护意识；
4. 小组在给定的时间内能在老师的指导下，基本完成工作任务</td></tr>
<tr><td></td><td></td><td></td></tr>
</table>

[工作任务]

工作任务 3　使用网络浏览器工具

【任务描述】

学生进行讨论，制定使用网络浏览器工具的工作方案。并通过上网查找资料，了解有关软件的背景，掌握浏览器工具软件的使用方法。

【学习情境】

网上冲浪是我们上网的主要活动，由此我们可以迅速浏览网页，获取信息。正确使用网络浏览器，可以帮助我们领略网络的奇妙，并保证上网的安全。

【学习方式】

活动形式：

✧ 学生讲授，其余学生分组讨论，并记录讨论结果。

✧ 根据工作单的步骤，上网搜索相关内容，学习使用软件，并填写工作任务单。

✧　根据学生讲授情况进行小组评价（自评+互评）

【工作流程】

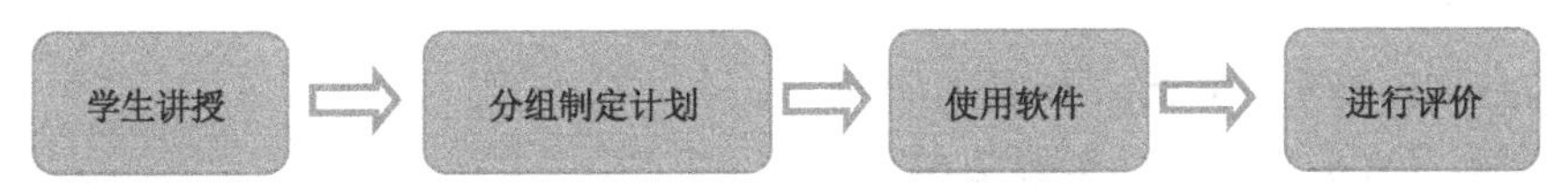

知识解析

一、网络浏览器

浏览器是指可以显示网页服务器或者文件系统的HTML文件内容，并让用户与这些文件交互的一种软件。个人计算机上常见的网页浏览器包括微软的 Internet Explorer、Mozilla 的 Firefox、Apple 的 Safari、Opera、HotBrowser、Google Chrome、GreenBrowser 浏览器、Avant 浏览器、360 安全浏览器、世界之窗、腾讯 TT、搜狗浏览器、傲游浏览器、Orca 浏览器等。如图 2-57 所示，浏览器是最经常使用到的客户端程序。

图 2-57　网络浏览器

二、IE 浏览器

IE 是微软的新版本 Windows 操作系统的一个组成部分。在旧版的操作系统上，它是独立、免费的。从 Windows 95 OSR2 开始，它被捆绑作为所有新版本的 Windows 操作系统中的默认浏览器。IE 是使用最广泛的网页浏览器，由于最初是靠和 Windows 捆绑获得市场份额，且不断爆出重大安全漏洞，本身执行效率不高，不支持 W3C 标准，Internet Explorer 一直被人诟病，但不得不承认它为互联网的发展作出了贡献，如图 2-58 所示。

三、傲游浏览器

图 2-58　IE 浏览器图标

傲游浏览器是一款基于 IE 内核的（傲游 1.x、2.x）、多功能、个性化多标签浏览器。它允许在同一窗口内打开任意多个页面，减少浏览器对系统资源的占用率，提高网上冲浪的效率。 同时它又能有效防止恶意插件，阻止各种弹出式，浮动式广告，加强网上浏览的安全。Maxthon Browser 支持各种外挂工具及 IE 插件，使你在 Maxthon Browser 中可以充分利用所有的网上资源，享受上网冲浪的乐趣。

四、火狐浏览器

Firefox，非正式中文名称为火狐，是一个开源网页浏览器，使用 Gecko 引擎（即非 IE 内核。火狐浏览器（Firefox）是一种区别于 IE 浏览器的新型浏览器，火狐除了具有网页浏览器的功能之外，还包括更多特色功能，可以阻止弹出广告，火狐集成 Google 工具栏功能，并且整合多种搜索引擎，实现更多方面的信息检索等，如图 2-59 所示。

图 2-59　火狐浏览器图标

【操作步骤】

一、IE 浏览器

（1）打开 IE 浏览器界面，如图 2-60 所示。

（2）浏览“百度”网页，如图 2-61 所示。

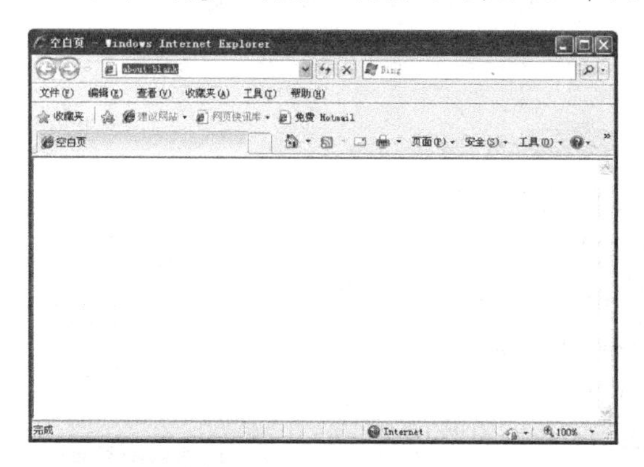

图 2-60　打开 IE 空白页

图 2-61　浏览“百度”网页

（3）设置 IE 属性，如图 2-62～图 2-64 所示。

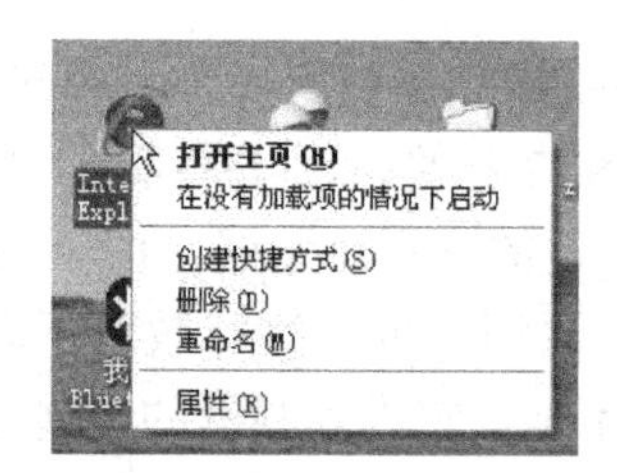

图 2-62　选择“属性”命令

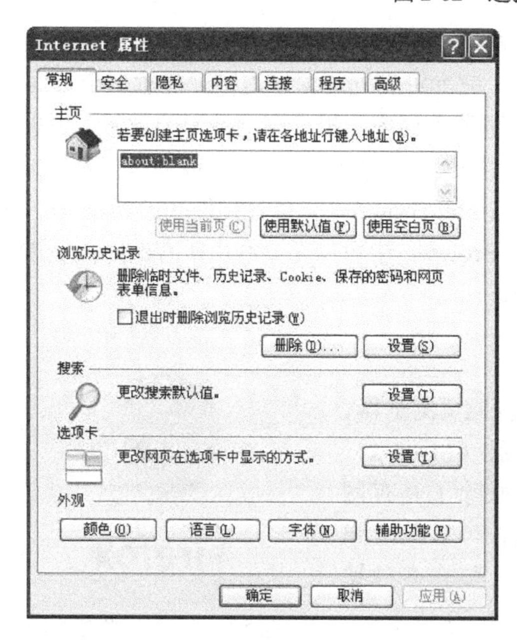

图 2-63　“常规”选项卡

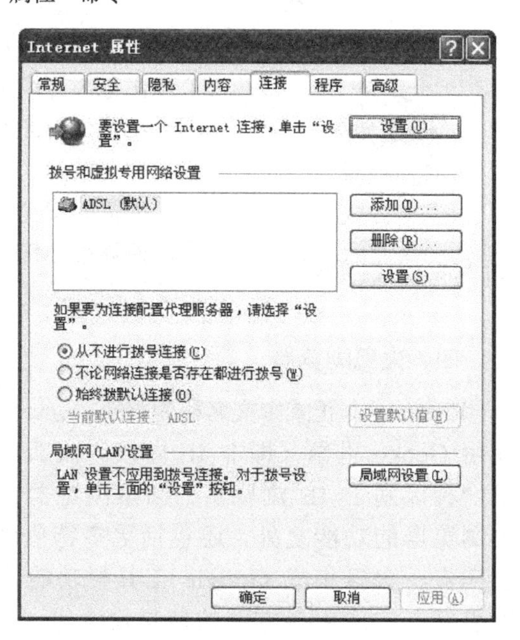

图 2-64　“连接”选项卡

二、傲游浏览器

使用技巧

（1）激活新标签：通过右下方状态栏的第三个按钮来切换是否在激活新打开的标签。

（2）取消搜索栏：在“查看→工具栏”中对其取消选择，就不会出现在地址栏了，界面也整洁一些。

（3）撤销关闭页面：如果不小心关闭了一个页面，你可以通过工具栏上的“撤销”按钮重新打开它，快捷键是【Alt+Z】，通常在“撤销”按钮旁的下拉菜单中可以看到最近关闭的页面列表。

（4）窗口过滤：在页面开始载入时按下【Ctrl】键暂时禁用内容过滤和弹出窗口过滤。

（5）自定义工具栏：可以通过工具栏右键菜单里面的“自定义工具栏”命令来按照你的习惯设置工具栏。

（6）清除浏览记录：单击搜索栏的放大镜图标并选择“清除搜索历史记录”或是使用菜单“工具→清除浏览记录→清除搜索栏历史”命令来清除搜索历史。

（7）快速添加弹出窗口：使用【Ctrl+Q】快捷键或是右键菜单中的“发送到”子菜单添加弹出窗口和内容过滤项目。

（8）隐藏主菜单：可以通过【Ctrl+F11】快捷键显示和隐藏主菜单。这样窗口显示的内容就会多一些。

（9）链接列表：按下【Alt+L】快捷键，可以打开链接列表窗口(“查看→链接列表”)，通过这个窗口处理页面中的所有链接。

（10）简易收集面板：按【Ctrl+G】快捷键可以显示/隐藏简易收集面板。

（11）标签栏位置：要将标签栏放置在窗口的上方/下方，单击“选项→标签”→“标签栏在上方”或“标签栏在下方”，如图2-65和图2-66所示。

图2-65　傲游浏览器窗口

图 2-66　单窗口浏览多个网页

[工作任务单]

工作任务 3　使用网络浏览器工具

任务名称	使用网络浏览器工具
任务描述	1．通过讨论，制定为计算机安装软件的工作方案。 2．学生通过上网查找资料，了解各种网络浏览器的特点，并能熟练使用浏览器进行搜索、查询
学习目标	知识目标： 了解各种网络浏览器的特点。 能力目标： 1．熟练使用 IE 浏览器。 2．学习熟练使用另一种浏览器（种类不限）
考核内容	熟练使用 IE 浏览器工具
工作过程	1．使用 IE 浏览器，把 www.baidu.com 设为首页； 2．清除刚才浏览过、使用过或输入过的临时文件、历史记录、表单数据、密码等记录； 3．将自己喜爱的网站添加到收藏夹（以上操作均截图）； 4．为什么微软要求必须将 IE6 升级为 IE8?（上网查找资料，不少于 100 字）
本节课学习体会：	

续表

	优秀	良好	合格
学生自评	1. 能够很好地遵守教学课堂、上机纪律，遵守《机房注意事项》，服从老师的管理； 2. 能够很好地完成工作任务单； 3. 初步具有软件知识产权的保护意识； 4. 在给定的时间内小组能独立、正确使用工具软件完成工作任务	1. 能够较好地遵守教学课堂、上机纪律，遵守《机房注意事项》，服从老师的管理； 2. 能够较好地完成工作任务单； 3. 初步具有软件知识产权的保护意识； 4. 在给定的时间内，在老师的指导下，小组能正确使用工具软件完成工作任务	1. 能够基本遵守教学课堂、上机纪律，遵守《机房注意事项》，服从老师的管理； 2. 能够基本完成工作任务单 3. 初步具有软件知识产权的保护意识； 4. 小组在给定的时间内能在老师的指导下，基本完成工作任务

[工作任务]

工作任务4 使用电子邮件管理工具

【任务描述】

学生进行讨论，制定使用电子邮件管理工具的工作方案。并通过上网查找资料，了解有关软件的背景，掌握电子邮件管理工具的使用方法。

【学习情境】

网络的主要功能之一是资源共享，如何实现资源共享，通过使用电子邮件可以使我们迅速实现信息沟通、资源共享。

【学习方式】

活动形式：

✧ 学生讲授，其余学生分组讨论，并将讨论结果记录。

✧ 根据工作单的步骤，上网搜索相关内容，学习使用软件，并填写工作任务单。

✧ 根据学生讲授情况进行小组评价（自评+互评）。

【工作流程】

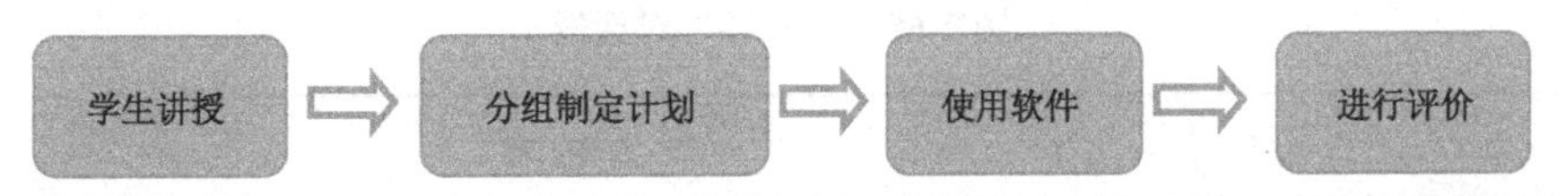

知识解析

一、电子邮件

电子邮件（Electronic Mail，E-mail，标志：@，也被大家昵称为“伊妹儿”）又称电子信箱、电子邮政，它是一种用电子手段提供信息交换的通信方式。是Internet应用最广的服务：通过网络的电子邮件系统，用户可以用非常低廉的价格（不管发送到哪里，都只需负担电话费和网费即可），以非常快速的方式（几秒钟之内可以发送到世界上任何你指定的目的地），与世界上任何一个角落的网络用户联系，这些电子邮件可以是文字、图像、声音等各种方式。同时，用户可以得到大量免费的新闻、专题邮件，并实现轻松的信息搜索。

二、邮件收发工具——Foxmail

Foxmail 邮件客户端软件，中文版使用人数超过 400 万，英文版的用户遍布 20 多个国家，Foxmail 可以不登录网站实现邮件的收发，还可以同时管理多个邮箱账户，具备强大的反垃圾邮件功能。它使用多种技术对邮件进行判别，能够准确识别垃圾邮件与非垃圾邮件。垃圾邮件会被自动分捡到垃圾邮件箱中，有效地降低垃圾邮件对用户的干扰，最大限度地减少用户因为处理垃圾邮件而浪费的时间，如图 2-67 所示。

图 2-67　Foxmail 图标

【操作步骤】

一、邮件收发工具——Foxmail

1. 创建邮箱账户

步骤 1　建立第 1 个邮箱账户。启动 Foxmail，弹出“向导”对话框，在其中填写邮箱账户信息，主要包括下表所示的选项。信息填写完成后的对话框如图 2-68 所示，单击 下一步(N) 按钮，进入“指定邮件服务器“向导页。如图 2-69 和图 2-70 所示。

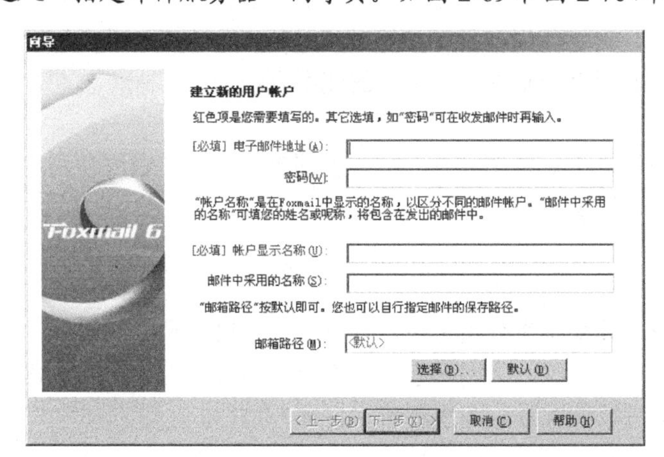

图 2-68　“向导”对话框

选　项	输 入 内 容
电子邮件地址	输入完整的电子邮件地址
密码	输入用户登录邮箱的密码，可以不填写，但是这样在每次开启 Foxmail 接收邮件前都需要输入密码
账户显示名称	输入该账户在 Foxmail 中显示的名称，可以按用户的喜好随意填写。Foxmail 支持多个邮箱账户，通过这里的名称可以让用户更容易区分、管理它们。如“新浪（sina）”、“网易（163）”、“网易（126）”等

续表

选　　项	输入内容
邮件中采用的名称	输入用户的姓名或昵称，用来在发送邮件时附加姓名，以便收件人可以在不打开邮件的情况下知道是谁发来的邮件；如果用户不输入这一项，收件人将只看到用户的邮件地址
邮箱路径	因为收发邮件后需要保存大量的邮件信息，例如邮件正文或附件等，必须指定这些信息的保存路径，通常情况设置为“默认”，即在安装目录下开辟一块空间来保存信息。如果要更改邮箱路径，可以单击【选择】按钮，将其他已经创建的目录作为邮箱路径；单击【默认】按钮，可以恢复使用默认路径

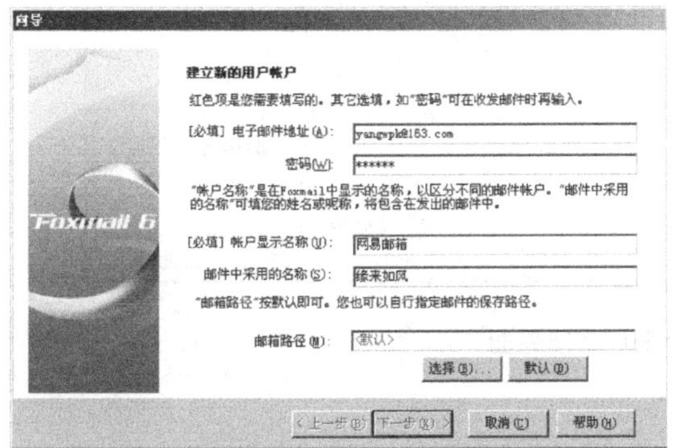

图 2-69　填写完成

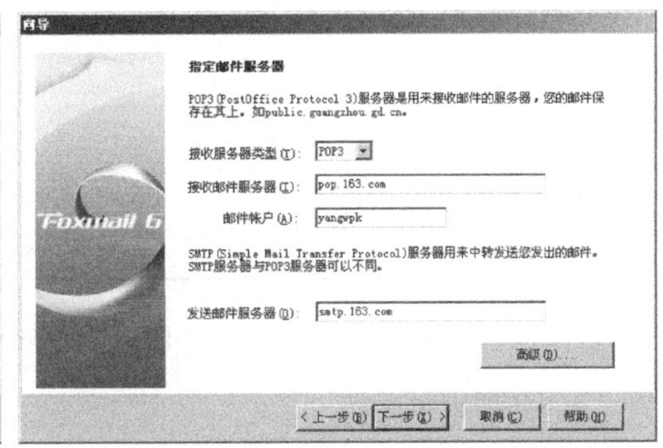

图 2-70　指定邮件服务器

步骤 2　指定邮件服务器。在收发邮件时，通常需要指定接收邮件的服务器和发送邮件的服务器，不过对于一些大型邮件收发网站，如新浪、网易等，Foxmail 会使用自带数据库来设置服务器，保持默认设置即可，如图 2-71 和图 2-72 所示。但对于一些小型邮件收发网站，则需用户自行设置服务器。

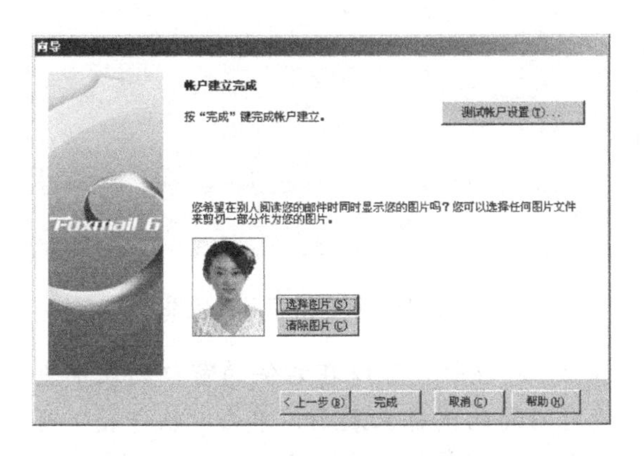

图 2-71　账户建立完成

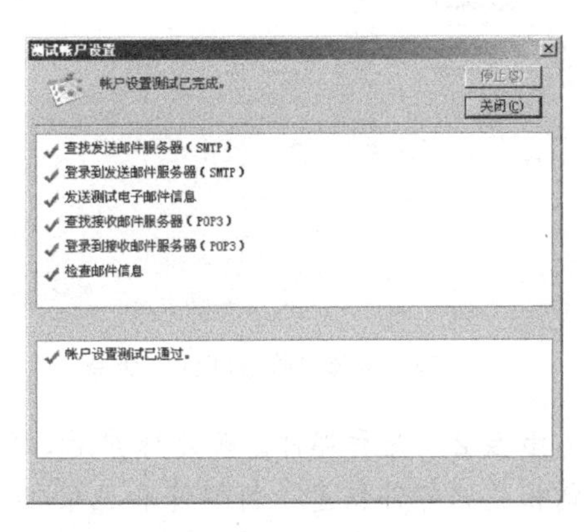

图 2-72　测试通过信息

步骤 3　创建其他账户。选择【邮箱】→【新建邮箱账户】命令，在弹出的“向导”对话框中重复以上步骤可创建第 2 个账户，图 2-73 所示为创建多个账户后的用户界面。

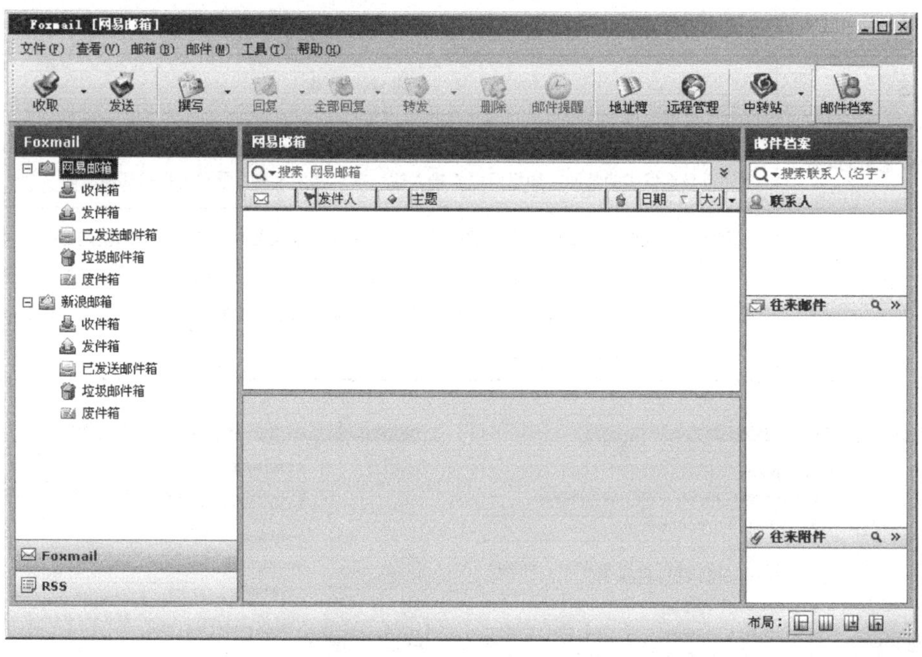

图 2-73　多个账户管理界面

2．处理电子邮件

步骤 1　接受邮件。启动 Foxmail，收取结束后将显示未读邮件的数目，如图 2-74 和图 2-75 所示。

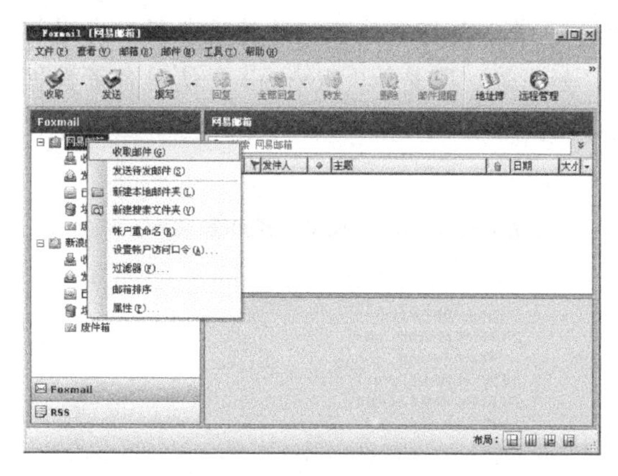

图 2-74　选择“收取邮件”命令

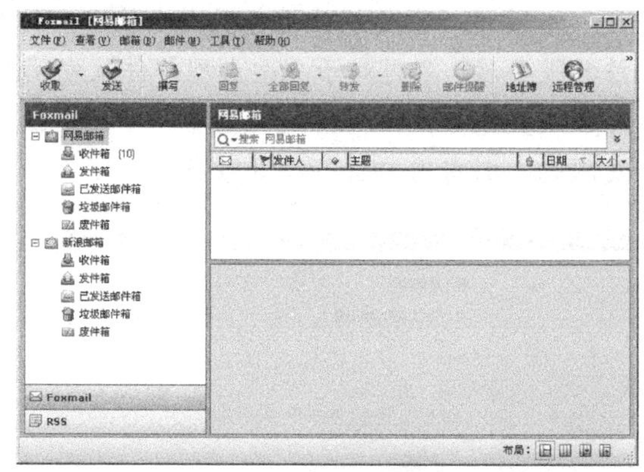

图 2-75　收取结束后的效果

步骤 2　查看邮件。展开账户后，单击 收件箱 按钮，可以在右侧的窗口列表中查看到相关的邮件信息，新邮件和已读邮件将使用不同的图标来表示。单击“收件箱”窗口列表中相应的未读邮件，在邮件预览框中将会显示邮件的内容，如图 2-76 和图 2-77 所示。

步骤 3　回复邮件。在查看邮件模式下，单击 工具栏中的 回复 按钮，打开写邮件窗口，如图 2-78 所示。在正文区域输入要回复的内容，可适当设置文字的字体、大小、颜色以及窗口背景颜色等，如图 2-79 所示。如果需要插入图片，可以单击 按钮，插入本地图片或网络图片，如图 2-80 所示。如果需要插入附件，可单击工具栏中的 附件 按钮，在弹出的“打开”对话框中选择要添加的附件，写好邮件以后，单击工具栏中的 按钮，发送邮件。如图 2-81 所示。

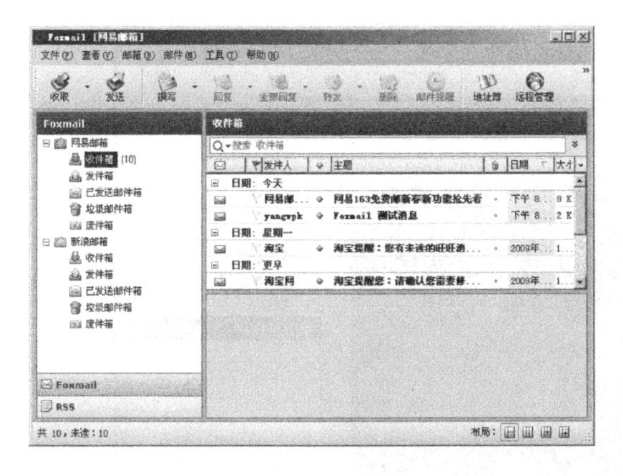

图 2-76　接收的新邮件

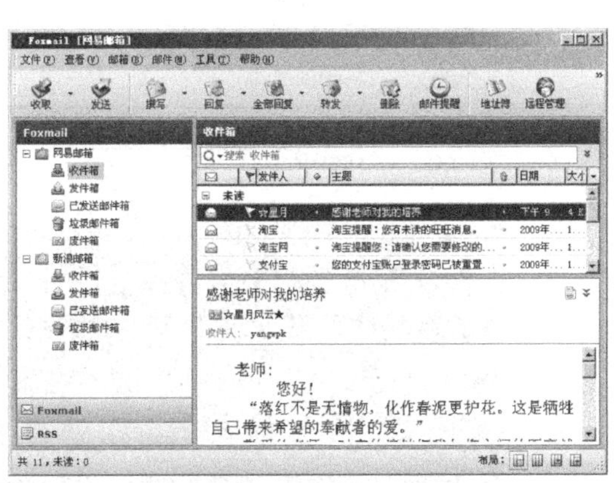

图 2-77　预览邮件内容

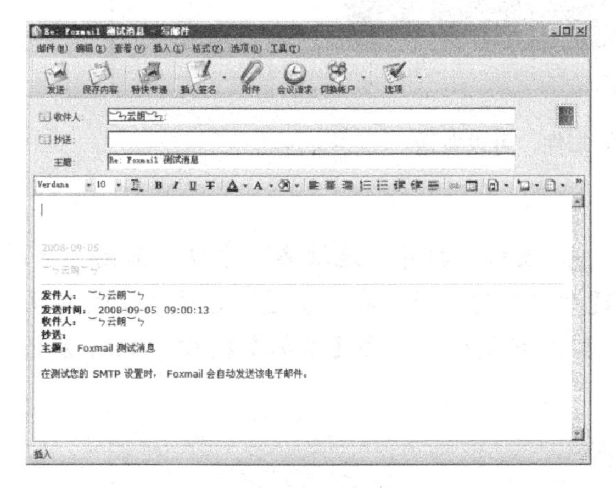

图 2-78　写邮件窗口

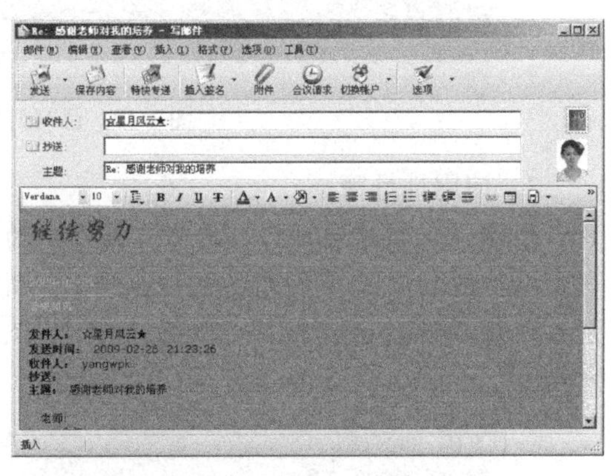

图 2-79　设置后的效果

图 2-80　选择插入的图片

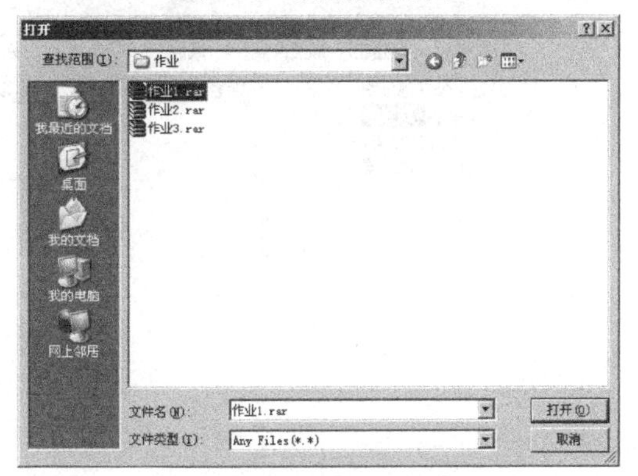

图 2-81　选择插入的附件

步骤 4　写新邮件。单击主界面上的 按钮，在打开的写邮件窗口中，编辑收件人的地址及主题，然后在正文区域编写邮件内容，单击 按钮，即可发送写好的邮件，如图 2-82 所示。

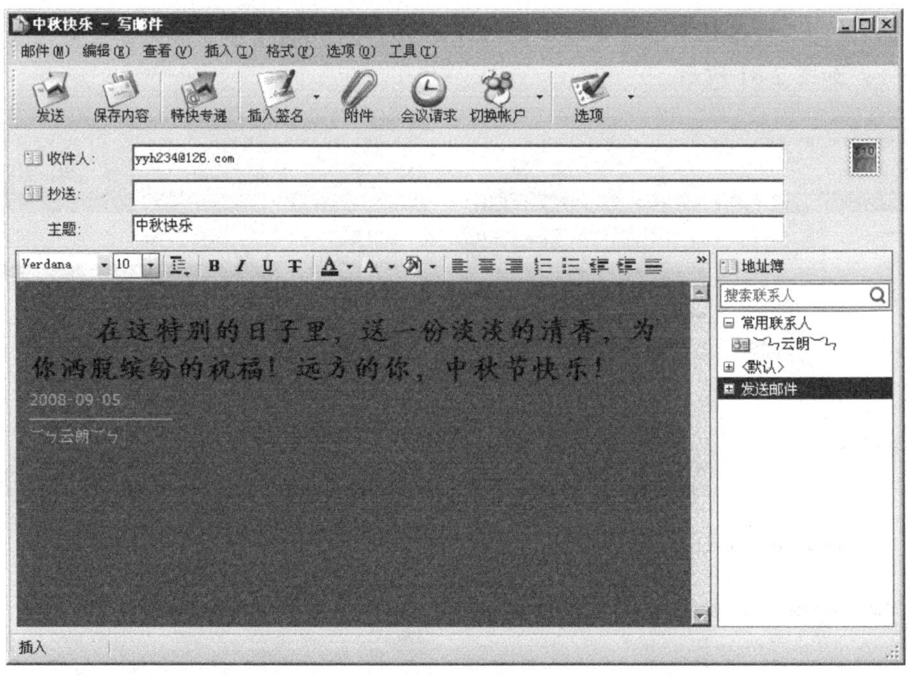

图 2-82　已写好的邮件，可以发送

3．使用地址簿

步骤 1　新建地址栏。单击工具栏中的 按钮，打开“地址簿”窗口，如图 2-83 所示。单击 工具栏中的按钮，弹出“新建卡片”对话框，在“普通”选项卡中输入联系人的姓名和 E-mail 地址，如图 2-84 所示。输入完成后，单击【增加】按钮，如图 2-85 所示。

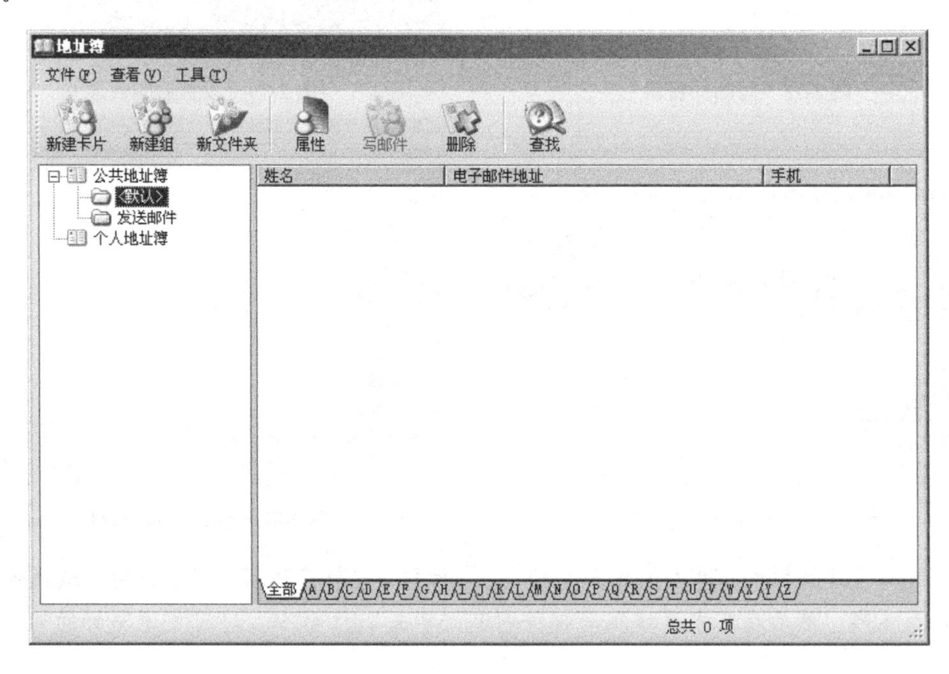

图 2-83　“地址簿”窗口

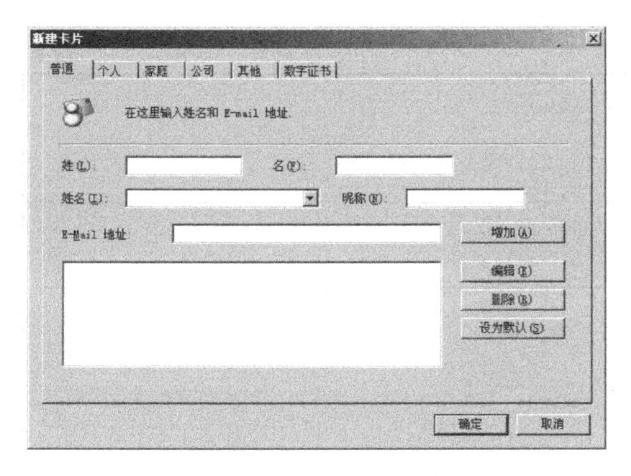

图 2-84　“新建卡片”对话框

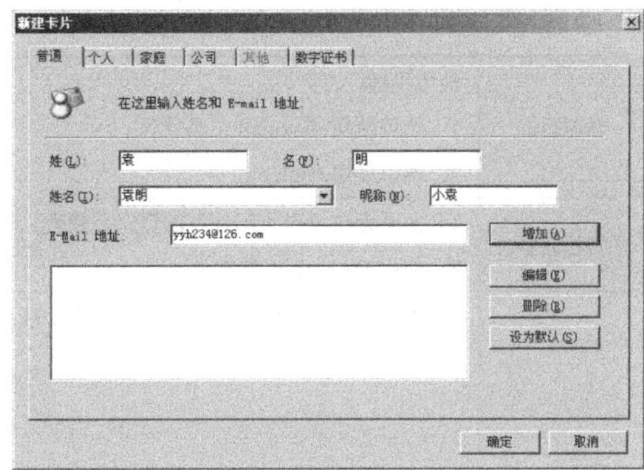

图 2-85　输入联系人信息

步骤 2　使用地址簿。编辑好地址簿后，用户就可以进行写信操作。双击发信人名称，可以打开写邮件窗口，此时发信人的地址已经为用户填写好了，只需填写信的主题和内容。

步骤 3　编辑地址簿。使用鼠标右键单击“地址簿”窗口中要编辑的卡片，在弹出的快捷菜单中选择“属性”命令，弹出联系人属性对话框，用户可编辑相应的信息，其操作与新建卡片的操作类似，如图 2-86 所示。

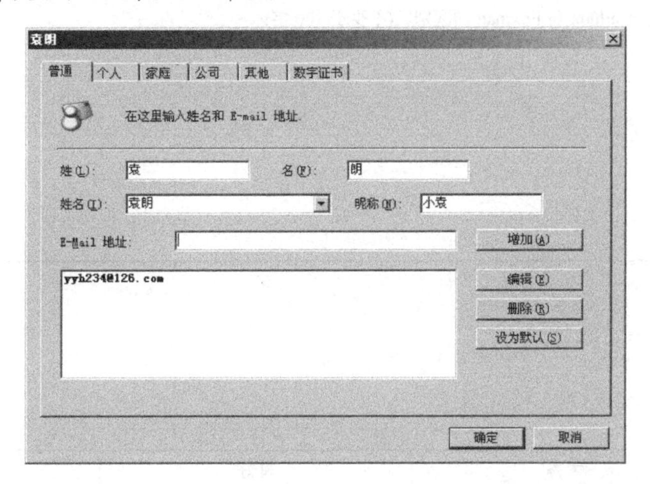

图 2-86　编辑卡片

[工作任务单]

工作任务 4　使用电子邮件管理工具

任务名称	使用电子邮件管理工具
任务描述	1．通过讨论，制定为计算机安装软件的工作方案。 2．学生通过上网查找资料，了解电子邮件的工作原理，使用 Foxmail 邮件管理工具，掌握 Outlook 的使用方法
学习目标	知识目标： 了解电子邮件的工作原理

续表

<table>
<tr><td>学习目标</td><td colspan="3">能力目标：
1. 熟练使用 Foxmail 工具软件。
2. 熟练使用 Outlook</td></tr>
<tr><td>考核内容</td><td colspan="3">1. 上网查找“电子邮件”的资料并整理。
2. 使用 Foxmail 工具软件</td></tr>
<tr><td>工作过程</td><td colspan="3">1. 简述电子邮件的工作原理（不少于 100 字）

2. 使用 Foxmail 注册一个已有的邮箱账户。

3. 向老师的邮箱“fmhandqq2010@163.com”发送一封主题为“hello”的邮件，并添加附件为一张图片。

4. 将收件箱设置为“自动回复”。(以上操作均截图)

5. 比较 Outlook 与 Foxmail 的区别。(不少于 100 字)</td></tr>
<tr><td colspan="4">本节课学习体会：</td></tr>
<tr><td rowspan="3">学生自评</td><td>优秀</td><td>良好</td><td>合格</td></tr>
<tr><td>1. 能够很好地遵守教学课堂、上机纪律，遵守《机房注意事项》，服从老师的管理；
2. 能够很好地完成工作任务单；
3. 初步具有软件知识产权的保护意识；
4. 在给定的时间内小组能独立、正确使用工具软件完成工作任务</td><td>1. 能够较好地遵守教学课堂、上机纪律，遵守《机房注意事项》，服从老师的管理；
2. 能够较好地完成工作任务单；
3. 初步具有软件知识产权的保护意识；
4. 在给定的时间内，在老师的指导下，小组能正确使用工具软件完成工作任务</td><td>1. 能够基本遵守教学课堂、上机纪律，遵守《机房注意事项》，服从老师的管理；
2. 能够基本完成工作任务单；
3. 初步具有软件知识产权的保护意识；
4. 小组在给定的时间内能在老师的指导下，基本完成工作任务</td></tr>
<tr><td></td><td></td><td></td></tr>
</table>

工作任务5 使用网络安全工具

【任务描述】

学生进行讨论，制定使用网络安全工具的工作方案。并通过上网查找资料，了解有关软件的背景，掌握网络安全工具软件的使用方法。

【学习情境】

随着网络的普及，上网的安全及隐私问题越来越受到重视，每个用户都希望能够使个人隐私得到足够的保护，不会受到恶意的攻击，所以掌握网络安全工具非常重要。

【学习方式】

活动形式：

✧ 学生讲授，其余学生分组讨论，并将讨论结果记录。

✧ 根据工作单的步骤，上网搜索相关内容，学习使用软件，并填写工作任务单。

✧ 根据学生讲授情况进行小组评价（自评+互评）。

【工作流程】

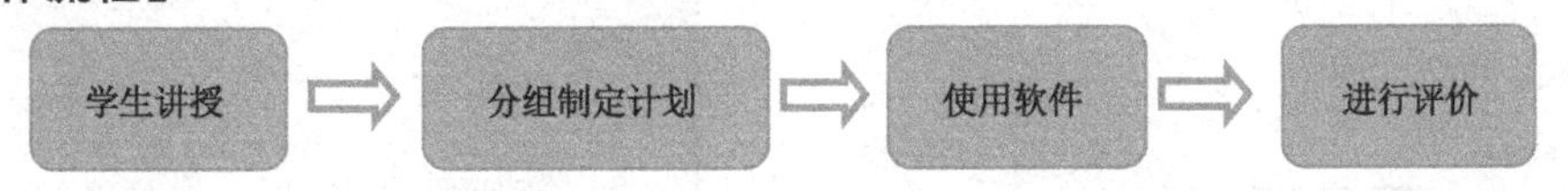

知识解析

一、网络安全

网络安全是指网络系统的硬件、软件及其系统中的数据受到保护，不因偶然的或者恶意的原因而遭受到破坏、更改、泄露，系统连续、可靠、正常地运行，网络服务不中断。网络安全从其本质上来讲就是网络上的信息安全。从广义来说，凡是涉及网络上信息的保密性、完整性、可用性、真实性和可控性的相关技术和理论都是网络安全的研究领域。网络安全是一门涉及计算机科学、网络技术、通信技术、密码技术、信息安全技术、应用数学、数论、信息论等多种学科的综合性学科。

二、防火墙

防火墙指的是一个由软件和硬件设备组合而成、在内部网和外部网之间、专用网与公共网之间的界面上构造的保护屏障。是一种获取安全性方法的形象说法，它是一种计算机硬件和软件的结合，使 Internet 与 Intranet 之间建立起一个安全网关（Security Gateway），从而保护内部网免受非法用户的侵入，防火墙主要由服务访问规则、验证工具、包过滤和应用网关 4 个部分组成。

三、木马

通过延伸把利用计算机程序漏洞侵入后窃取文件的程序程序称为木马。木马是有隐藏性的、自发性的可被用来进行恶意行为的程序，多不会直接对电脑产生危害，而是以控制为主。木马的传播方式主要有两种：一种是通过 E-mail，控制端将木马程序以附件的形式夹在邮件中发送出去，收信人只要打开附件系统就会感染木马；另一种是软件下载，一些非正规的网站以提供软件下载为名义，将木马捆绑在软件安装程序上，下载后，只要一运行这些程序，木马就会自动安装。

【操作步骤】

一、网络安全工具——天网防火墙

1．使用天网防火墙

步骤 1　系统设置

✧　启动天网防火墙。

✧　打开如图 2-87 所示的“基本设置”选项卡。

✧　切换到“日志管理”选项卡如图 2-88 所示。

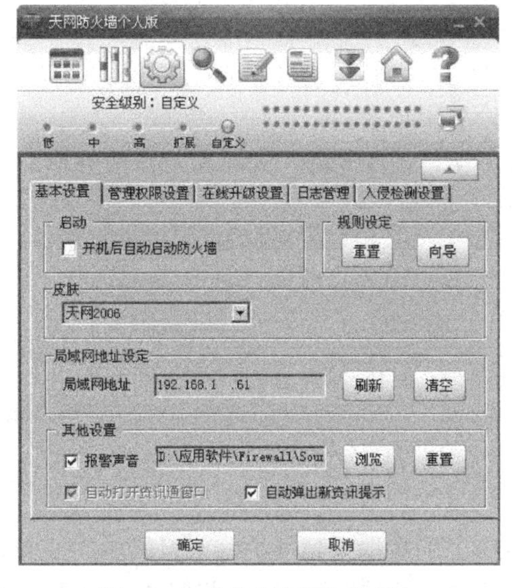

图 2-87　“基本设置”选项卡

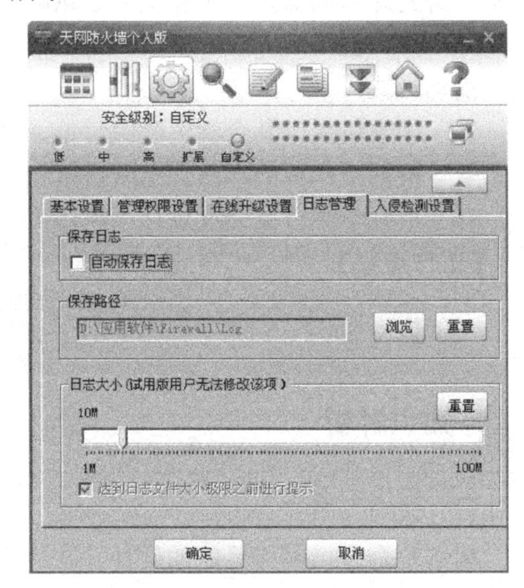

图 2-88　“日志管理”选项卡

✧　切换到“入侵检测设置”选项卡，如图 2-89 所示。

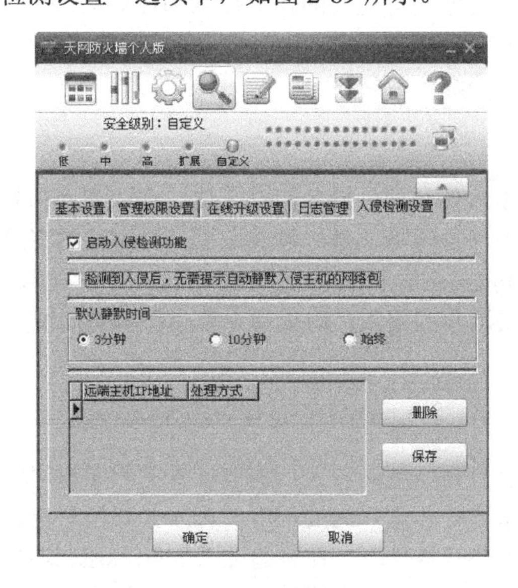

图 2-89　“入侵检测设置”选项卡

步骤 2　应用 IP 规则

✧ 单击 按钮，打开 IP 规则管理器，如图 2-90 所示。

✧ 单击“自定义 IP 规则”工具栏中的 按钮，弹出“增加 IP 规则”对话框，在“规则”选项栏中设置规则的名称并添加说明，以便查找和阅读，如图 2-91 所示。

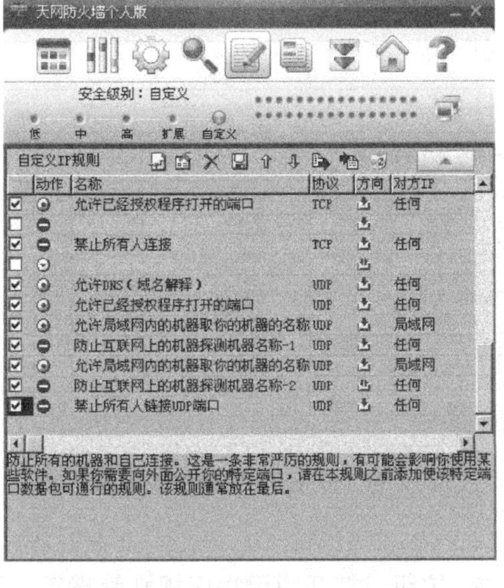
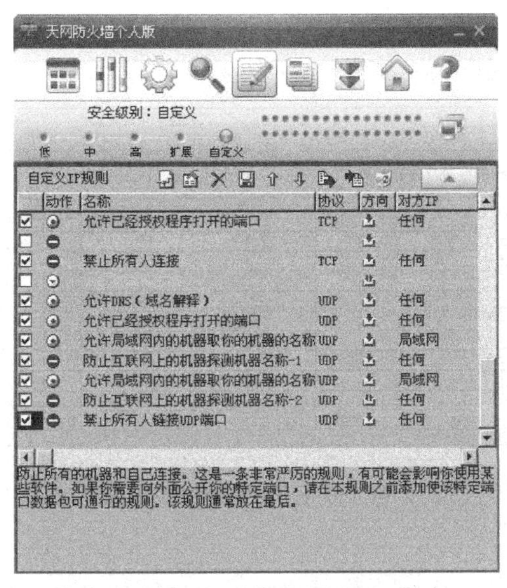

图 2-90　IP 规则管理器

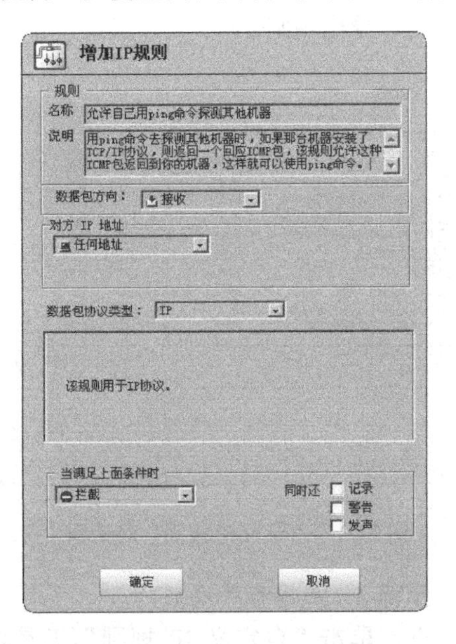

图 2-91　设置规则的名称并添加说明

✧ 在“数据包协议类型”下拉列表中选择“ICMP”选项，并设置“特征”选项栏中的“类型”为“0”，“代码”为“255”，在“当满足上面条件时”选项栏的下拉列表中选择“通行”选项，如图 2-92 所示。

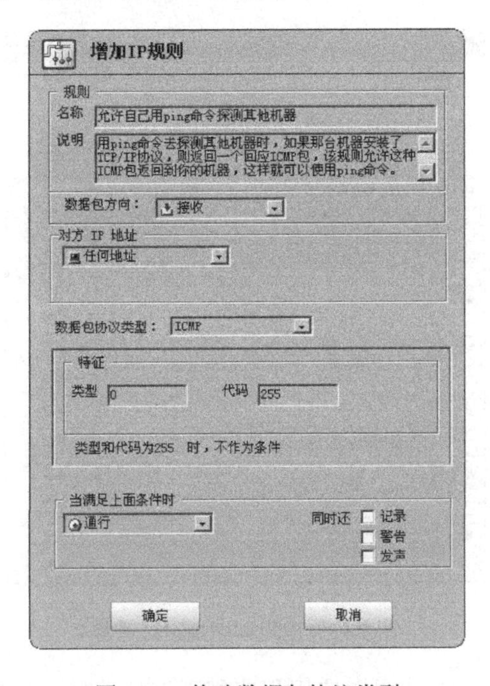

图 2-92　修改数据包协议类型

✧ 单击“自定义 IP 规则”工具栏中的 按钮，弹出“导入 IP 规则”对话框，如图 2-93 所示。勾选要导入的 IP 规则，单击【确定】按钮，导入规则。

✧ 单击“自定义 IP 规则”工具栏中的 按钮，弹出“导出 IP 规则”对话框，如图 2-94 所示。勾选要导出的 IP 规则，选择 IP 规则保存路径，单击【确定】按钮，导出规则。

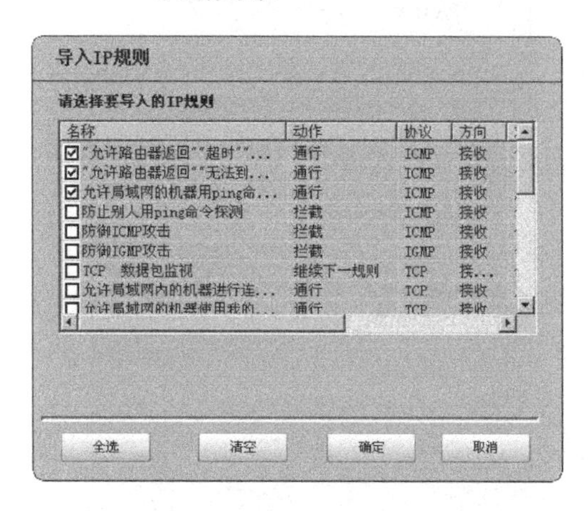

图 2-93 “导入 IP 规则”对话框

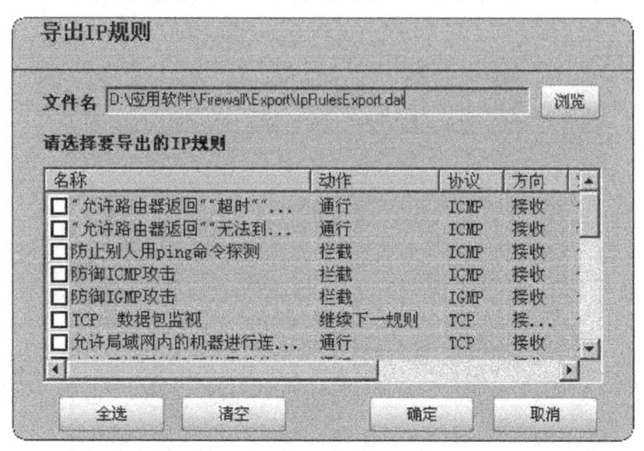

图 2-94 “导出 IP 规则”对话框

步骤 3 *应用程序规则*

✧ 单击“自定义 IP 规则”工具栏中的 按钮，打开应用程序规则管理器，如图 2-95 所示。

✧ 单击“应用程序访问网络权限设置”工具栏中的 按钮，弹出“增加应用程序规则”对话框，单击【浏览】按钮，选择应用程序；单击【确定】按钮，添加应用程序。

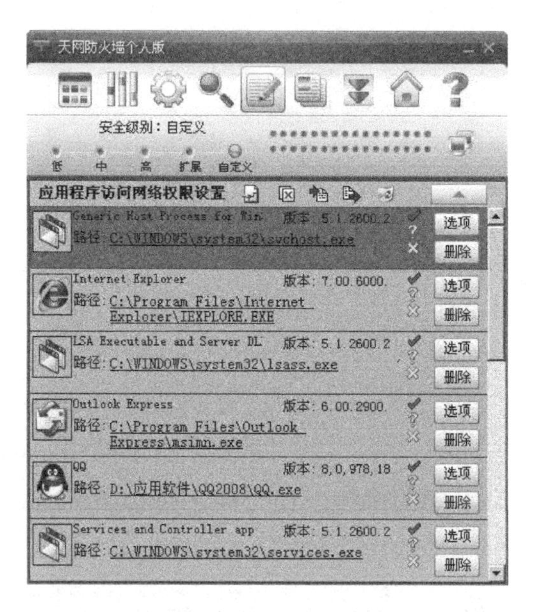

图 2-95 应用程序规则管理器

✧ 单击 按钮，弹出“导入应用程序规则”对话框，如图 2-96 所示。勾选要导入的应用程序，单击【确定】按钮，导入应用程序。

✧ 单击 按钮，弹出“导出应用程序规则”对话框，如图 2-97 所示。勾选要导出的应用程序，单击【确定】按钮，导出应用程序。

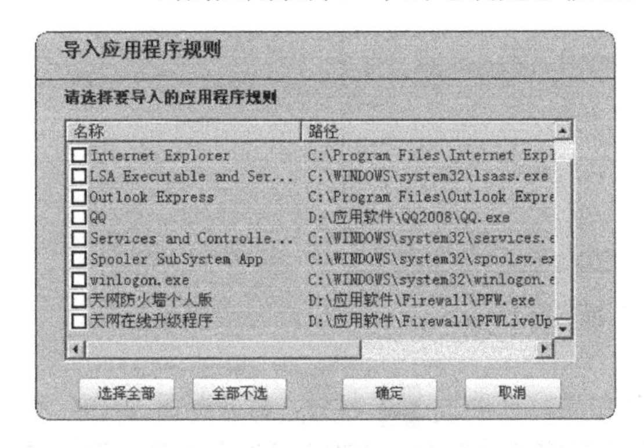

图 2-96 “导入应用程序规则”对话框

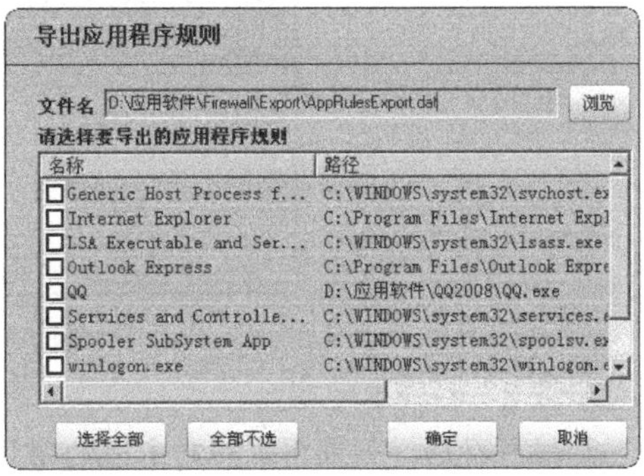

图 2-97 “导出应用程序规则”对话框

2. 天网防火墙高级功能

步骤 1 监控应用程序网络访问，如图 2-98 所示。

步骤 2 查看与分析日志，如图 2-99 所示。

步骤 3 断开与接通网络。

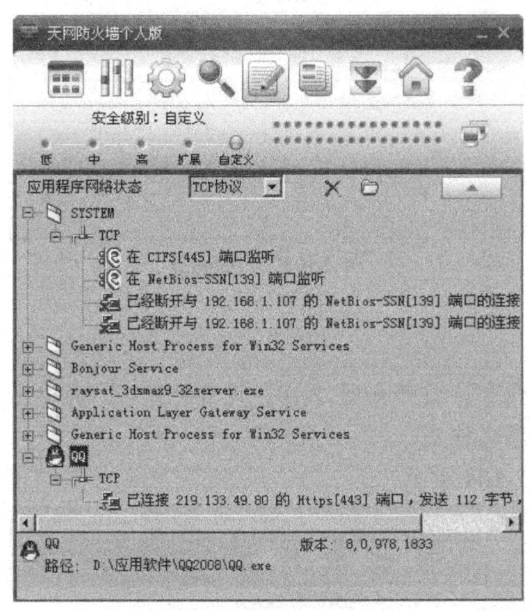

图 2-98 应用程序网络状态

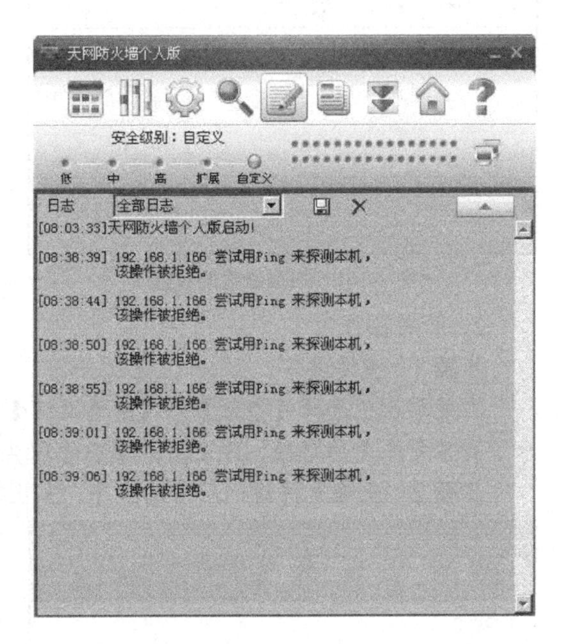

图 2-99 天网防火墙日志

二、木马专杀工具——木马克星

1. 查杀木马

步骤 1 扫描内存。

启动木马克星，软件会自动扫描内存，如图 2-100 所示。扫描完成后，可以查看扫描的结果。

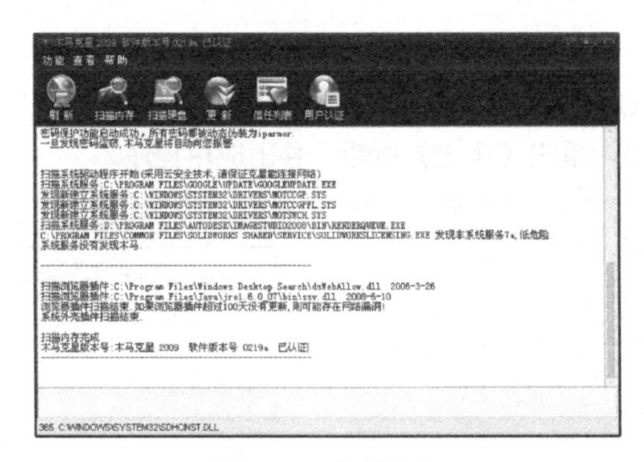

图 2-100　扫描内存

步骤 2　扫描本地磁盘。

扫描内存后，如果用户想对本地的磁盘进行扫描，可单击 按钮，打开如图 2-101 所示的窗口，进行本地磁盘的扫描设置。勾选“扫描所有磁盘”和“清除木马”复选框，设置完成后单击【扫描】按钮，开始扫描计算机病毒，如图 2-102 所示。在查杀过程中，木马克星按盘符字母的顺序依次对磁盘进行查杀。单击【停止】按钮，可以停止木马查杀。

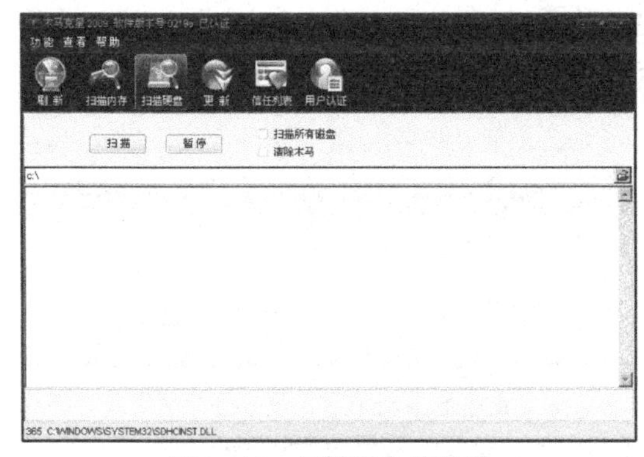

图 2-101　扫描磁盘的设置

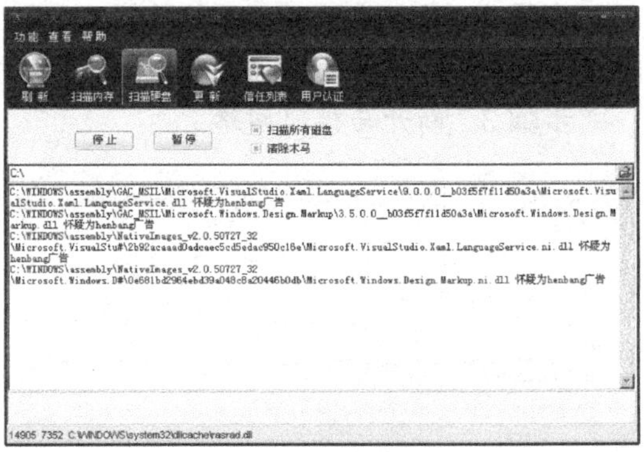

图 2-102　扫描磁盘

2．查看操作

步骤 1　查看共享。

在菜单栏中选择【查看】→【查看共享】命令，打开如图 2-103 所示的窗口。其中显示了共享文件夹的路径，方便用户集中管理共享文件夹。

步骤 2　管理允许访问网络的程序，如图 2-104 所示。

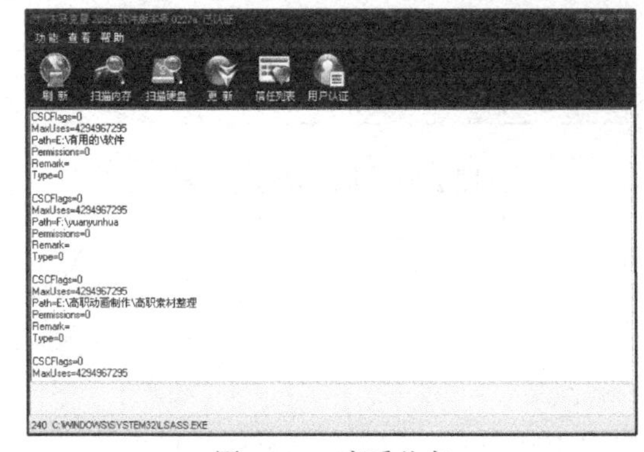

图 2-103　查看共享

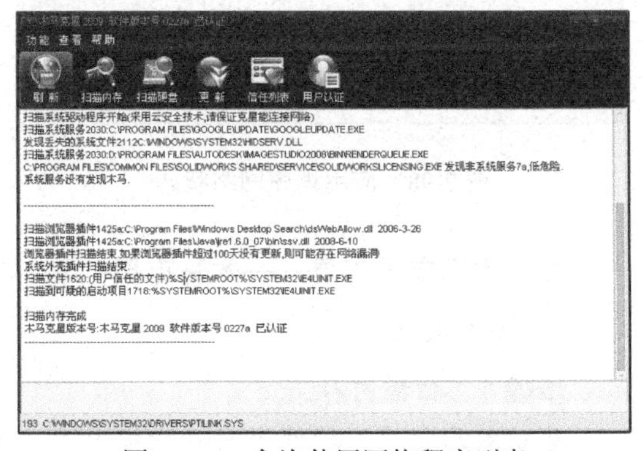

图 2-104　允许使用网络程序列表

[工作任务单]

工作任务5　使用网络安全工具

<table>
<tr><td>任务名称</td><td colspan="3">使用网络安全工具</td></tr>
<tr><td>任务描述</td><td colspan="3">1．了解使用网络安全工具的必要性。
2．学生通过上网查找资料，了解网络安全工具的工作原理，并使用木马克星和360安全卫士，掌握其使用方法</td></tr>
<tr><td>学习目标</td><td colspan="3">知识目标：
了解网络安全工具的工作原理。
能力目标：
1．熟练使用木马克星软件。
2．熟练使用360安全卫士</td></tr>
<tr><td>考核内容</td><td colspan="3">1．上网查找“网络安全工具”的资料并整理。
2．了解天网防火墙。
3．使用木马克星和360安全卫士软件</td></tr>
<tr><td>工作过程</td><td colspan="3">1．简述使用网络安全工具的必要性（不少于100字）。

2．天网防火墙的主要特点。

3．安装木马克星，并对磁盘进行扫描，将查找出的可疑文件删除。（操作过程截图保存）

4．安装360，使用360安全卫士查杀本机木马，过程截图保存。</td></tr>
<tr><td colspan="4">本节课学习体会：</td></tr>
<tr><td rowspan="3">学生自评</td><td>优秀</td><td>良好</td><td>合格</td></tr>
<tr><td>1．能够很好地遵守教学课堂、上机纪律，遵守《机房注意事项》，服从老师的管理；
2．能够很好地完成工作任务单；
3．初步具有软件知识产权的保护意识；
4．在给定的时间内小组能独立、正确使用工具软件完成工作任务</td><td>1．能够较好地遵守教学课堂、上机纪律，遵守《机房注意事项》，服从老师的管理；
2．能够较好地完成工作任务单；
3．初步具有软件知识产权的保护意识；
4．在给定的时间内，在老师的指导下，小组能正确使用工具软件完成工作任务</td><td>1．能够基本遵守教学课堂、上机纪律，遵守《机房注意事项》，服从老师的管理；
2．能够基本完成工作任务单；
3．初步具有软件知识产权的保护意识；
4．小组在给定的时间内能在老师的指导下，基本完成工作任务</td></tr>
<tr><td></td><td></td><td></td></tr>
</table>

[工作任务]

工作任务6　使用网络管理工具

【任务描述】

学生进行讨论，制定使用网络管理工具的工作方案。并通过上网查找资料，了解有关软件的背景，掌握网络管理工具软件的使用方法。

【学习情境】

我们在上网的过程中经常会遇到这样、那样的小问题，网速过慢、网络监听等，一些管理小软件会成为我们的好帮手，熟练使用它们使我们成为真正的网络高手。

【学习方式】

活动形式：

✧ 学生讲授，其余学生分组讨论，并记录讨论结果。
✧ 根据工作单的步骤，上网搜索相关内容，学习使用软件，并填写工作任务单。
✧ 根据学生讲授情况进行小组评价（自评+互评）。

【工作流程】

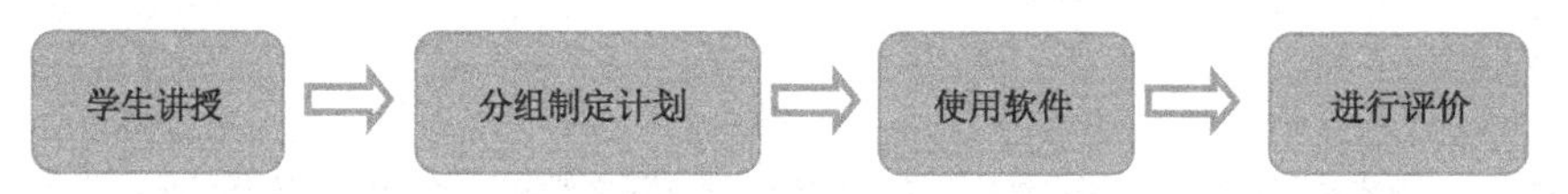

知识解析

一、网络管理

网络管理，是指网络管理员通过网络管理程序对网络上的资源进行集中化管理的操作，包括配置管理、性能和记账管理、问题管理、操作管理和变化管理等。一台设备所支持的管理程度反映了该设备的可管理性及可操作性。

二、局域网查看工具

局域网查看工具（LanSee）是一款主要用于对局域网（Internet上也适用）上的各种信息进行查看的工具。采用多线程技术，搜索速度很快。它将局域网上比较实用的功能完美地融合在一起，比如搜索计算机（包括计算机名，IP 地址，MAC 地址，所在工作组，用户），搜索共享资源，搜索共享文件，多线程复制文件（支持断点传输），发短消息，高速端口扫描，捕获指定计算机上的数据包，查看本地计算机上活动的端口，远程重启/关闭计算机等功能十分强大。

三、聚生网管

聚生网管系统是聚生科技在深入分析了主流局域网监控软件技术的基础上，经过自主创新和不断测试，最终研发成功的一套优秀的网络监控软件。

聚生网管采用了一机安装，管理全网的透明安装模式，极大地降低了网管人员的维护工作，使得网管人员可以在一台控制机上即可以控制任意一台局域网主机，极大地提高了工作效率。

目前，主流监控软件必须通过代理服务器、智能交换机或者加装 HUB 进行旁路设置才能保证软件的正常运行。而聚生网管软件对网络环境没有任何要求，安装部署软件时不需要对原有环境做任何改动，极大降低了进行网络结构改动的不确定性和花费。

四、海鸥路由追踪器

海鸥路由追踪器是一个实用的路由追踪软件，利用它可以测定从本机到目标主机，到底经过了多少路由器的中转，每个路由器的 IP 地址是多少，网络连接的传输速度和响应时间等信息。并且提供了图表功能，可以直观地了解 IP 转发情况。

【操作步骤】

一、局域网查看工具（Lansee）

1．消息传送

首先单击“搜索计算机”，查看有谁在局域网内，如果想与某个人联系可先单击“发消息”，在“添加计算机”的左边输入此人 IP 地址，再单击“添加计算机”，在“消息内容”的下方框中输入需要发送的文字，单击“发送”可以看到消息内容是否发送成功，如图 2-105 和图 2-106 所示。

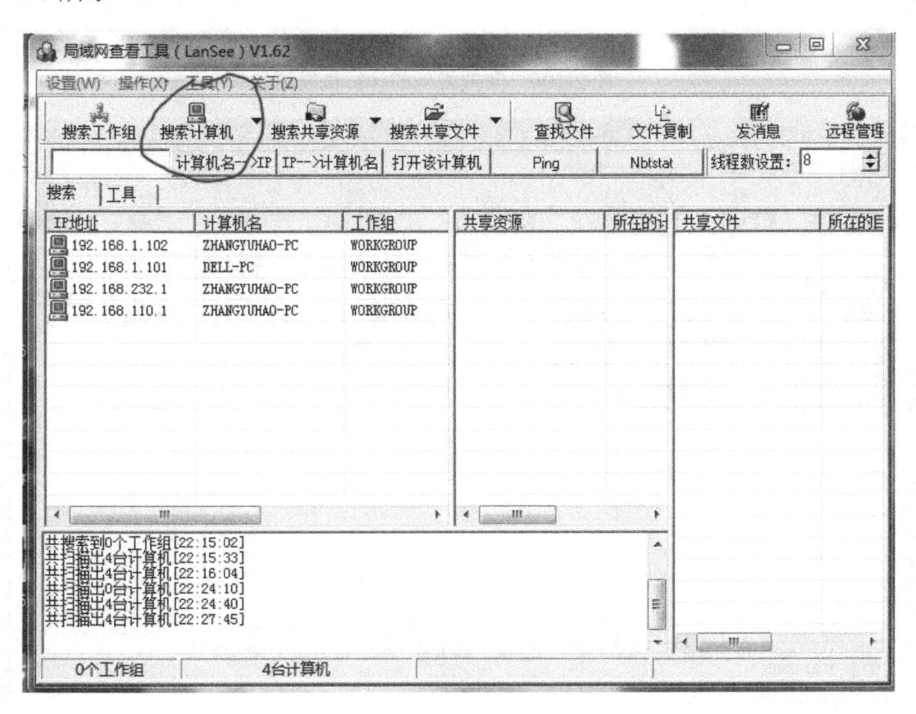

图 2-105　搜索计算机

2．共享资源

单击“搜索共享资源”后即可搜索出局域网内有多少可供使用的共享资源，单击“搜索共享文件”后即可罗列出局域网内可供使用的共享资源都在哪个机器的什么目录下。单击“查找

文件”后即可在局域网内可供使用的共享资源中查找指定的文件或类型。单击“复制文件”后就可以安全地从共享资源中复制出你所需要的文件了，如图 2-107 和图 2-108 所示。

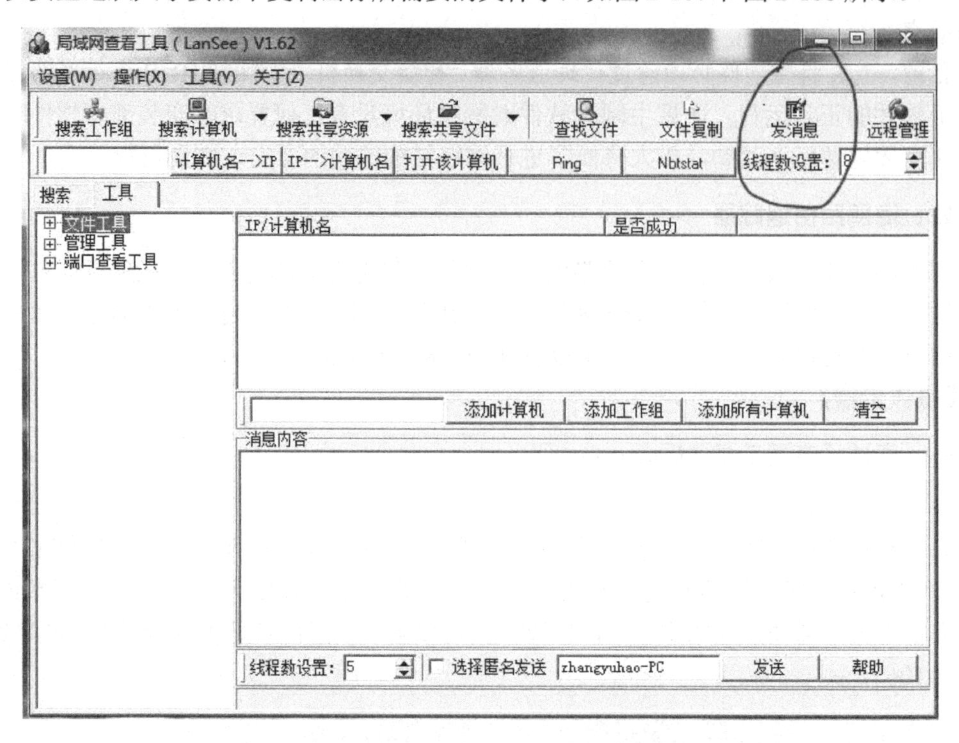

图 2-106 向搜索到的计算机发消息

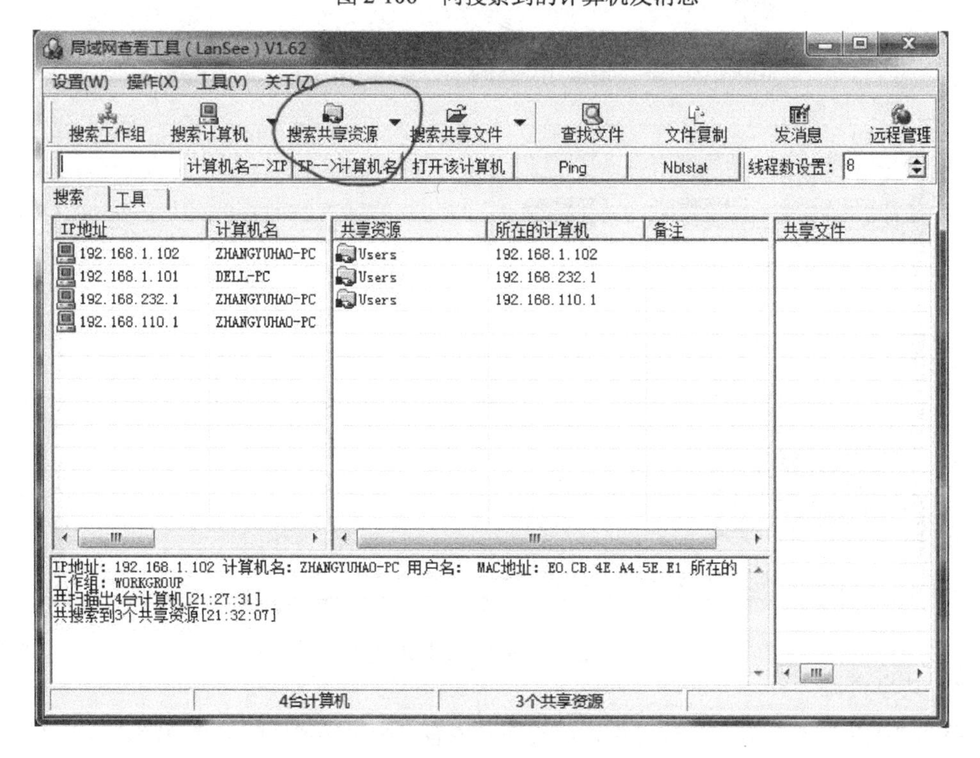

图 2-107 搜索共享资源

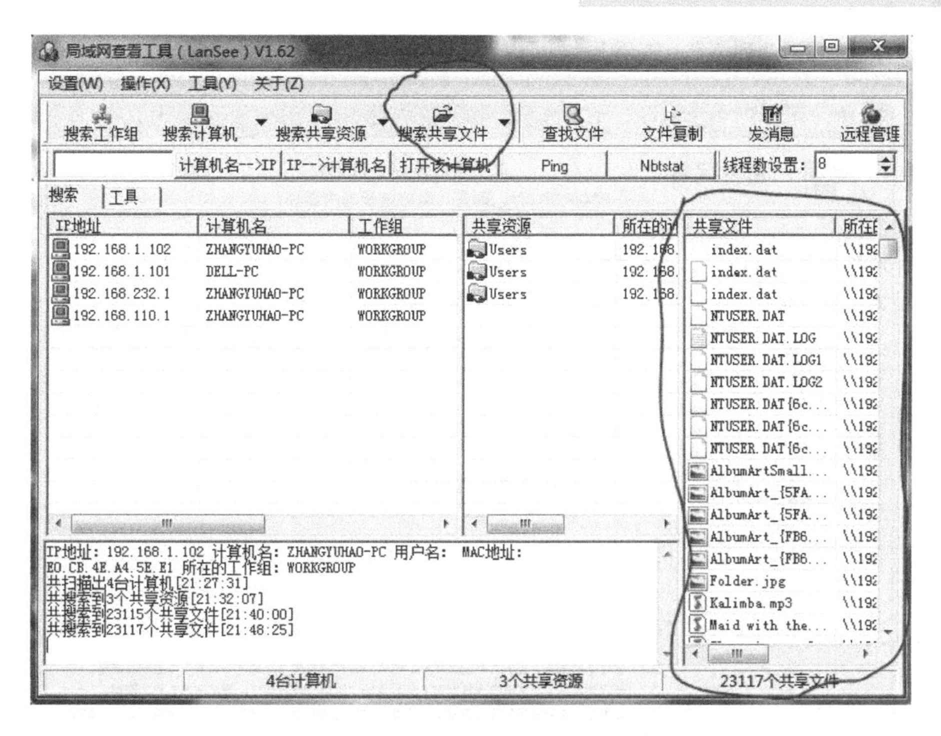

图 2-108　搜索到的共享文件

二、聚生网管

（1）开启聚生网管，选择“主动引导模式”，如图 2-109 所示。

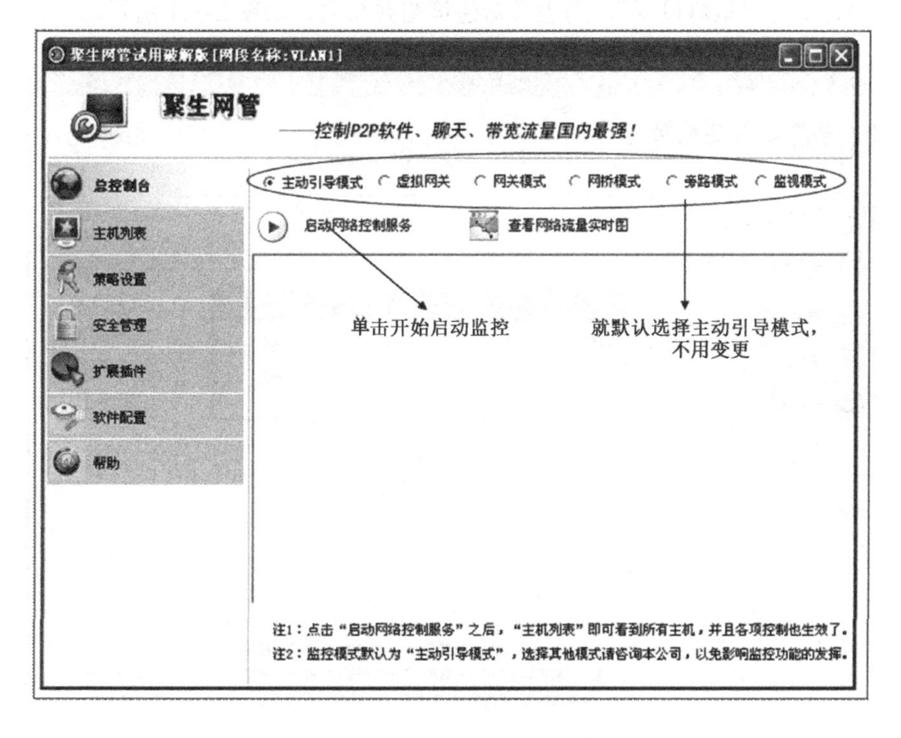

图 2-109　启动聚生网管

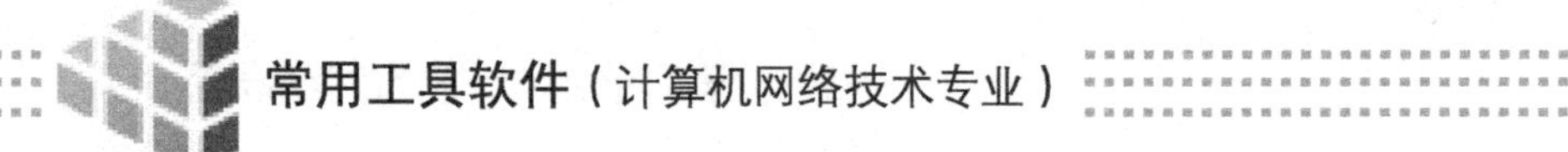

（2）单击“主机列表”，查看局域网内连接的主机，如图 2-110 所示。

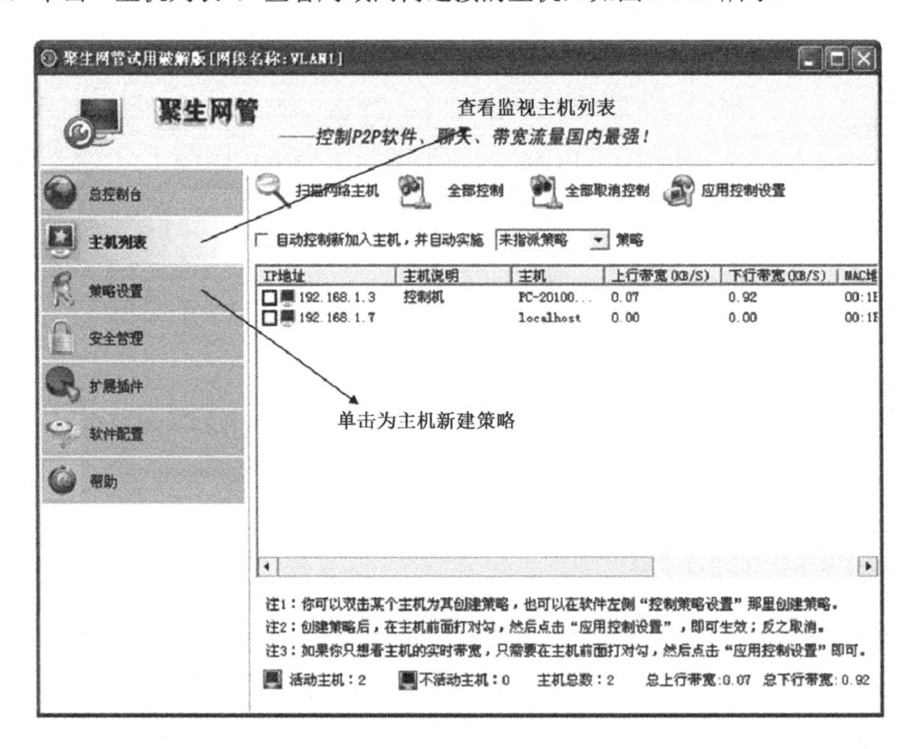

图 2-110　查找到的局域网内的主机

（3）单击“策略设置”，为主机新建策略并命名，如图 2-111 所示。

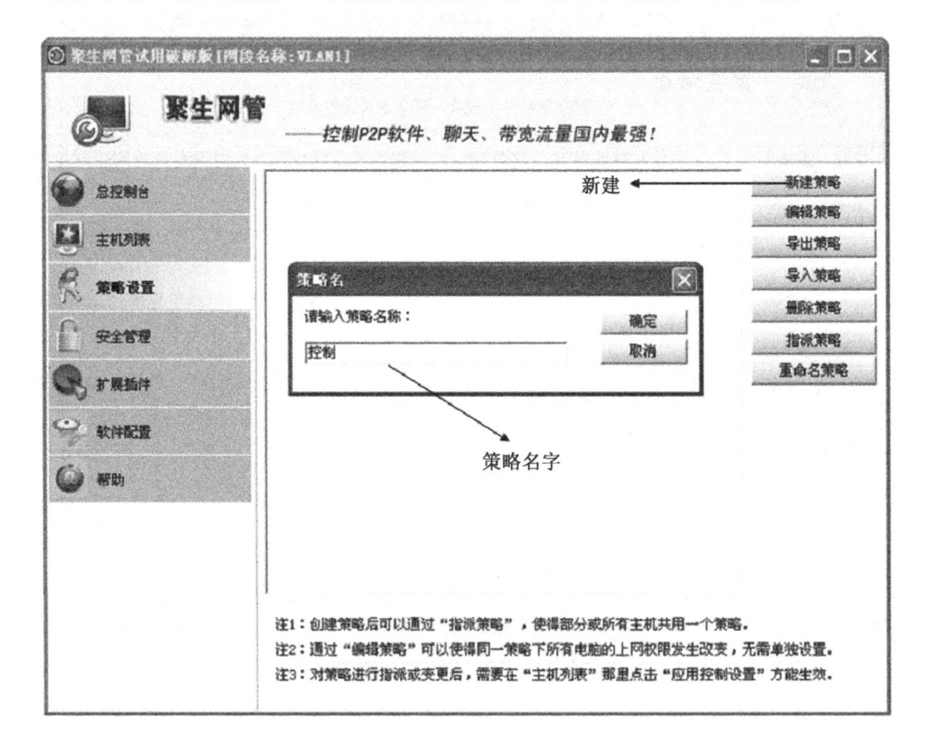

图 2-111　新建“控制”策略

（4）在弹出的“编辑策略[控制]的内容”对话框中进行设置，可以对访问的网页、下载的流量、上网时间等进行设置，如图 2-112 和图 2-113 所示。

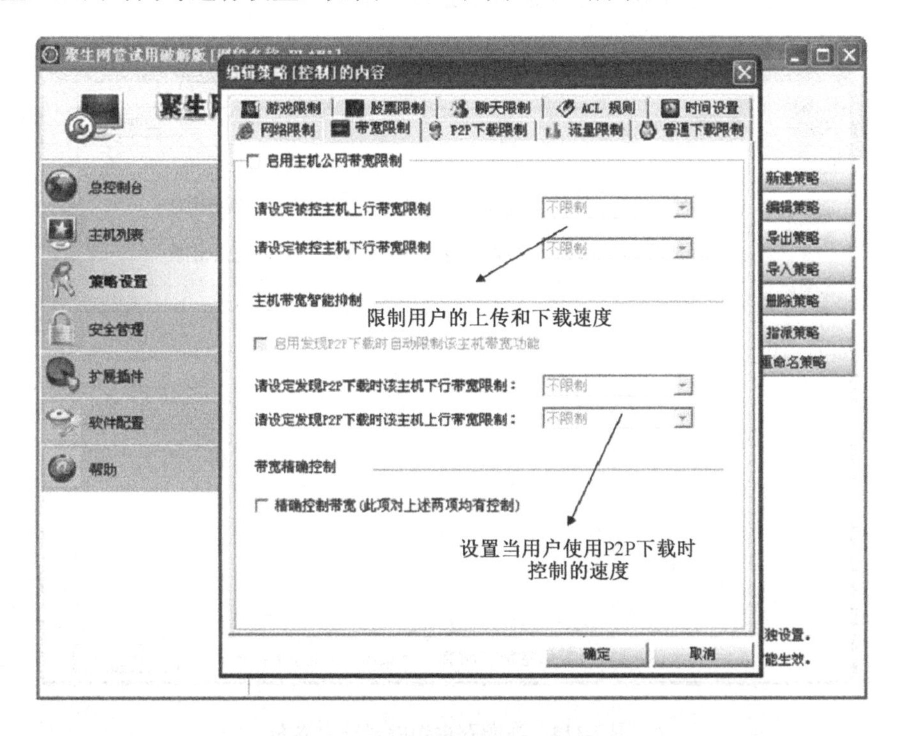

图 2-112　对上网的带宽进行控制

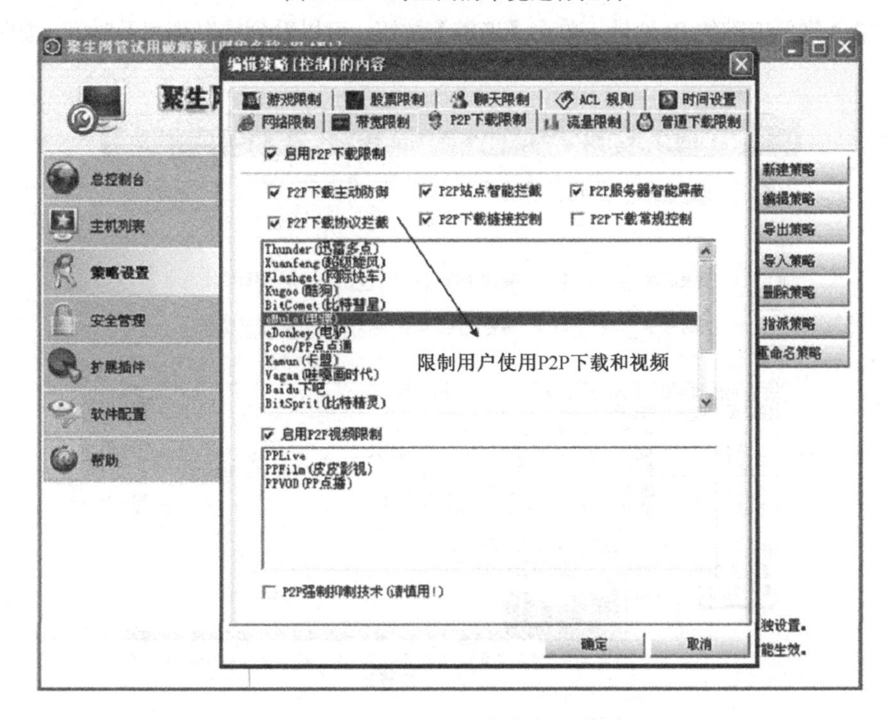

图 2-113　对 P2P 下载进行限制

三、海鸥路由追踪器

（1）开启海鸥路由追踪器，其界面如图 2-114 所示。

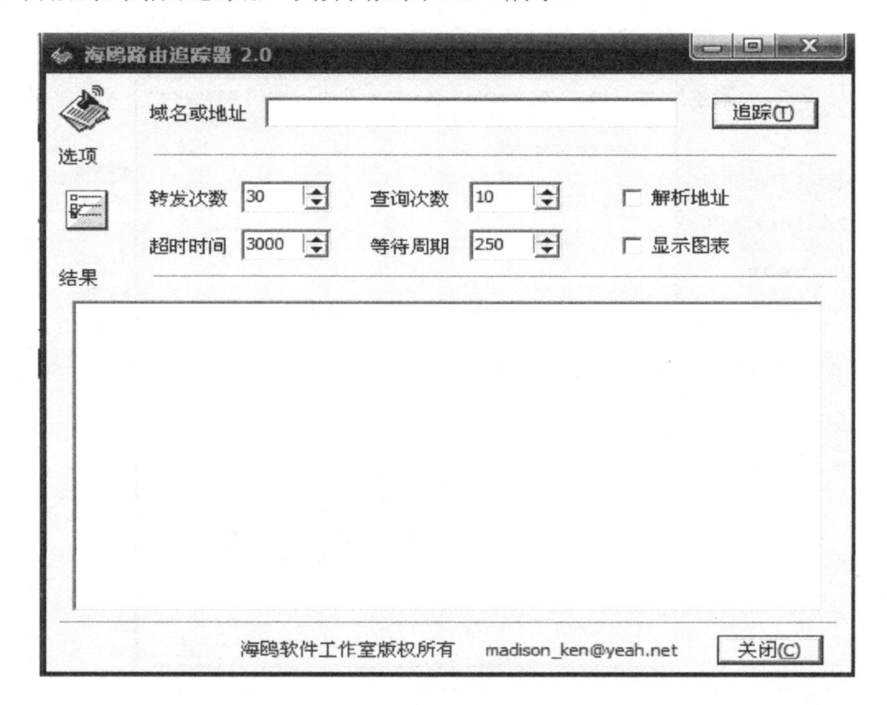

图 2-114　海鸥路由追踪器开启界面

（2）输入需要追踪的 IP 地址，单击【追踪】按钮，可以看到转发列表及时间，如图 2-115 所示。

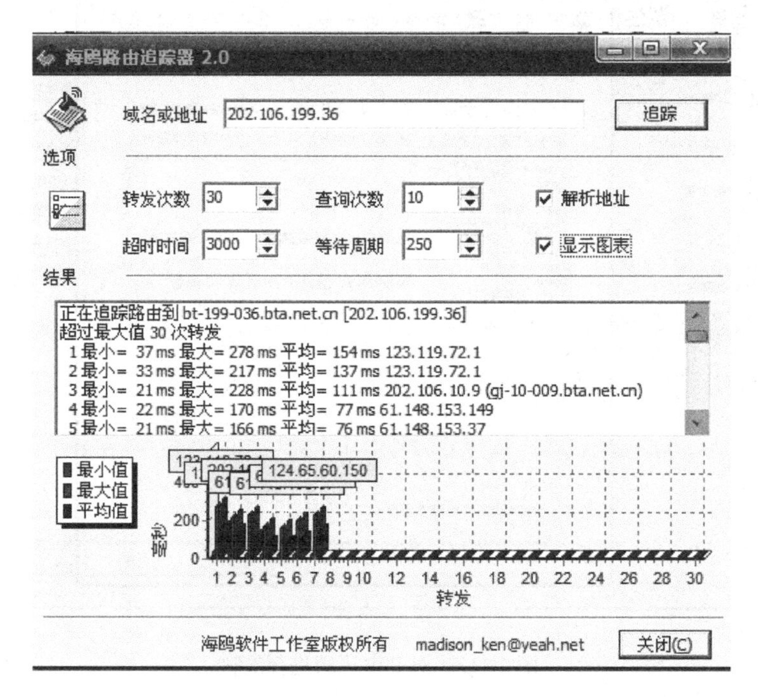

图 2-115　追踪到的路由个数及转发时间

[工作任务单]

工作任务6 使用网络管理工具

<table>
<tr><td>任务名称</td><td colspan="3">使用网络管理工具</td></tr>
<tr><td>任务描述</td><td colspan="3">1. 了解使用网络管理工具的必要性。
2. 学生通过上网查找资料，了解局域网管理工具的工作原理，并使用聚生网管和LanSee，掌握使用方法</td></tr>
<tr><td>学习目标</td><td colspan="3">知识目标：
了解局域网管理工具的工作原理。
能力目标：
1. 熟练使用聚生网管软件。
2. 熟练使用LanSee</td></tr>
<tr><td>考核内容</td><td colspan="3">1. 上网查找“网络管理工具”的资料并整理。
2. 使用聚生网管和LanSee软件</td></tr>
<tr><td>工作过程</td><td colspan="3">1. 简述使用网络管理工具的必要性（不少于50字）。

2. 聚生网管软件的主要特点。

3. 配置检测整个机房的局域网，扫描局域网主机，过程截图保存。

4. 为小组成员新建“流量限制”策略，上行为30KB，下行为56KB，过程截图保存。
5. 为聚生网管加上密码，过程截图保存。
6. 与同组的同学使用LanSee互发消息，过程截图保存。
7. 查看局域网内的共享资源，并将老师提供的共享素材下载至本地机，过程截图保存</td></tr>
<tr><td colspan="4">本节课学习体会：</td></tr>
<tr><td rowspan="3">学生自评</td><td>优秀</td><td>良好</td><td>合格</td></tr>
<tr><td>1. 能够很好地遵守教学课堂、上机纪律，遵守《机房注意事项》，服从老师的管理；
2. 能够很好地完成工作任务单；
3. 初步具有软件知识产权的保护意识；
4. 在给定的时间内小组能独立、正确使用工具软件完成工作任务</td><td>1. 能够较好地遵守教学课堂、上机纪律，遵守《机房注意事项》，服从老师的管理；
2. 能够较好地完成工作任务单；
3. 初步具有软件知识产权的保护意识；
4. 在给定的时间内，在老师的指导下，小组能正确使用工具软件完成工作任务</td><td>1. 能够基本遵守教学课堂、上机纪律，遵守《机房注意事项》，服从老师的管理；
2. 能够基本完成工作任务单；
3. 初步具有软件知识产权的保护意识；
4. 小组在给定的时间内能在老师的指导下，基本完成工作任务</td></tr>
<tr><td></td><td></td><td></td></tr>
</table>

学习单元 3

应用多媒体工具

[单元学习目标]

➤ 知识目标

1．了解计算机多媒体工具软件的基本知识；
2．熟练掌握几种常用的多媒体工具软件的使用方法；
3．掌握电子阅读器及中英文翻译软件的使用方法；
4．能够运用多媒体综合技术，编辑制作影视作品。

➤ 能力目标

1．具有独立安装和使用多媒体工具软件的操作本领；
2．具有使用电子阅读器及中英文翻译软件的操作本领；
3．具有综合运用多媒体工具软件制作影视作品的能力。

➤ 情感态度价值观

1．具有团队协作意识；
2．激发学生的学习兴趣，增强学生对待学习的自信心与成就感。
3．通过学习使学生具有热爱专业，刻苦钻研的精神。
4．通过学习进一步拓展学生的知识视野，提高学生的操作技能，并能将课堂所学知识与社会对计算机网络人才的需求紧密挂沟，为学生毕业后谋职奠定良好的基础。

[单元学习内容]

学习掌握图像浏览工具、屏幕截取工具、图像捕捉工具的安装使用方法；掌握音频、视频播放工具的安装使用方法；可利用简单的音、视频编辑软件制作影视作品；掌握电子阅读器的安装与使用方法，能制作、转换指定格式文件；掌握中英文翻译软件（如金山词霸）的安装使用方法，能进行英文信息的识别。

[工作任务]

工作任务1　使用图形图像处理工具

【任务描述】

学生通过讨论，制定为所选照片进行处理的工作方案。并通过上网查找资料，了解图形图像工具，掌握Snagit、光影魔术手等工具软件的使用方法。

【学习情境】

准备为班级制作“班级新年活动相册”，其中要对班级照片素材进行挑选、修改、艺术加工，完成这项工作需要使用图形图像处理工具，以达到满意的效果。

【学习方式】

◇　活动形式：分组讨论，并记录讨论结果。
　　　　　　小组代表发言，阐述本组制定的方案的观点。

根据教师的提示，上网搜索相关内容，并填写工作任务单。

【工作流程】

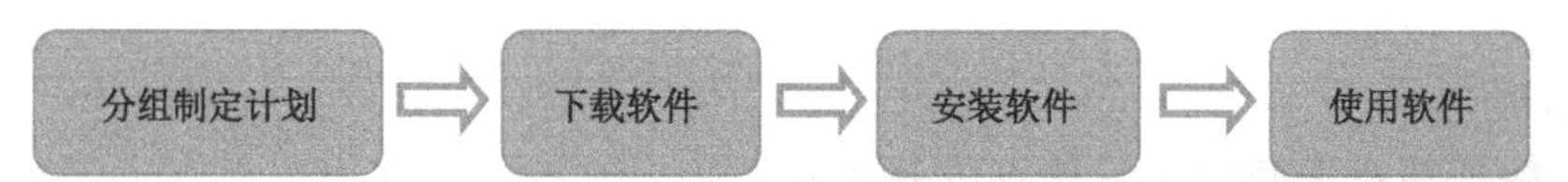

知识解析

一、屏幕捕获工具——SnagIt

SnagIt 是一款非常精致且功能强大的屏幕捕获工具，它不仅可以捕捉屏幕、文本和视频图像，还可以对捕获的图像进行编辑，SnagIt 还可以将捕获的图像保存为 AVI 文件，并支持 Microsoft 的 DirectX 技术，以方便抓取 3D 游戏图片。

二、图像管理工具——ACDSee

ACDSee 是目前流行的数字图像管理软件，广泛应用于图片的获取、管理、浏览、优化等方面，可以轻松地处理数码影像。ACDSee 支持多种格式的图形文件，并能完成格式间的相互转换，还能进行批量处理。同时，ACDSee 也能处理如 MPEG 之类常用的视频文件。

三、图像处理工具——光影魔术手

光影魔术手是一款改善图片画质以及个性化处理图片的软件。其具有简单、易用的特点，除了基本的图像处理功能外，还可以制作精美相框、艺术照、专业胶片等效果。

【操作步骤】

一、屏幕捕获工具——SnagIt

1．捕获图像

（1）选择捕获方案。

- ✧ 启动 SnagIt，进入其操作界面，如图 3-1 所示。
- ✧ 在菜单栏中选择【捕捉】→【输入】→【区域】命令，如图 3-2 所示，或者在“基础捕获方案”选项组中单击 图标，选择“范围”捕获图像方案。
- ✧ 用图片浏览器打开小狗图片，来捕获图片上的小狗。

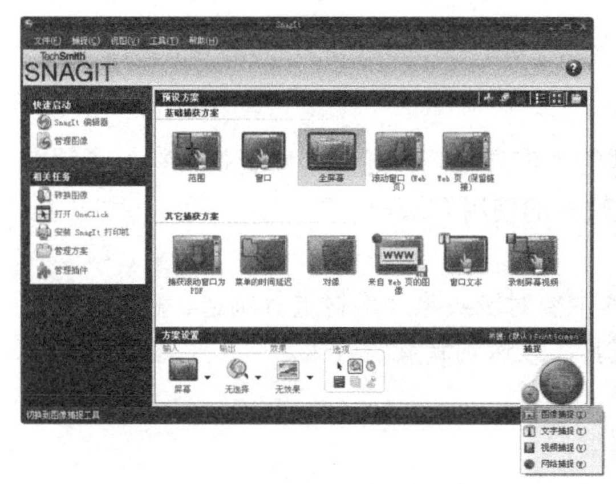

图 3-1　SnagIt 操作界面

图 3-2　选择“范围”捕获图像方案

（2）捕获图像。

✧ 单击 SnagIt 操作界面中的 按钮或按【Print Screen】快捷键开始捕获。SnagIt 界面将自动最小化到任务栏并显示为 图标。

✧ 按住鼠标左键拖曳出用户需要捕获的图像范围，如图 3-3 所示。释放鼠标左键后随即打开 SnagIt 编辑器，用户可以预览和编辑捕获的图像，如图 3-4 所示。

图 3-3　捕获图像范围

图 3-4　预览和编辑捕获的图像

2. 编辑图像

（1）捕获图像。

✧ 启动 SnagIt，在“基础捕获方案”选项组中选择“窗口”捕获图像方案，如图 3-5 所示。下面来捕获 QQ 用户登录界面。

图 3-5　选择“窗口”捕获图像方案

✧ 打开 QQ 用户登录界面，单击 SnagIt 主界面中的按钮或按【Print Screen】快捷键开始捕获，移动鼠标指针选择用户需要捕获的窗口，被选中的窗口会加上红色的边框，如图 3-6 所示。然后单击打开 SnagIt 编辑器，如图 3-7 所示。

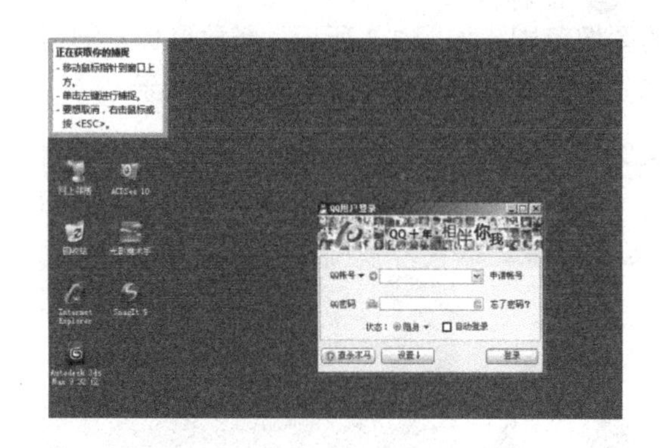

图 3-6　捕获窗口

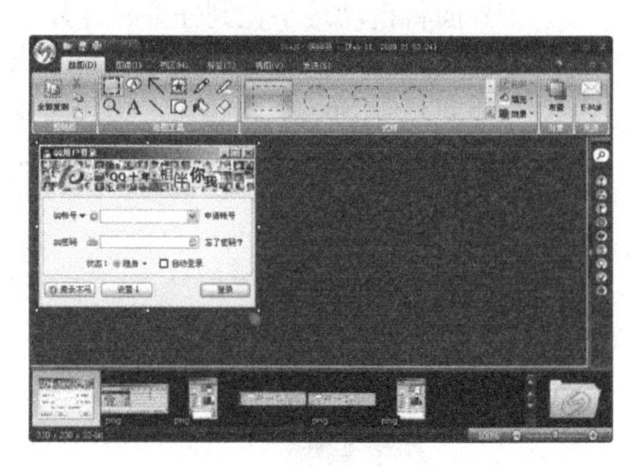

图 3-7　SnagIt 编辑器

（2）编辑图像。

- ✧ 在 SnagIt 编辑器的“绘图”选项卡中，单击“绘图工具”面板中的 A 图标，在“式样”面板中单击 Abc 图标（第 1 个），如图 3-8 所示。
- ✧ 在捕获的图像上拖动鼠标，将显示一个圆角矩形的标注框，释放鼠标左键将弹出“编辑文字”对话框，在其中输入需要标注的文字，如图 3-9 所示。

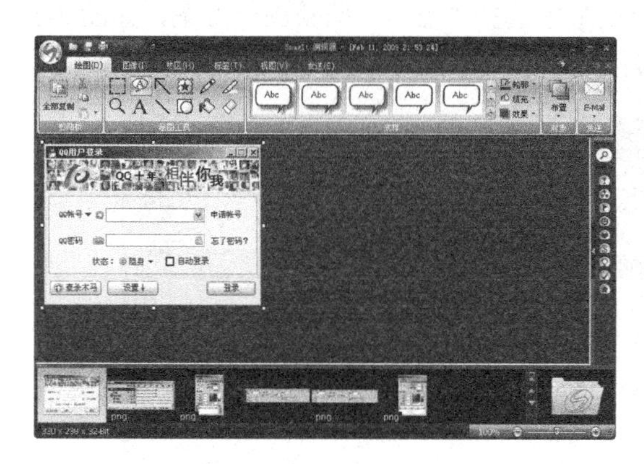

图 3-8　选择标注样式

图 3-9　输入标注文字

- ✧ 单击 ✥ 按钮，完成文字标注。将鼠标指针移动到标注上面，当鼠标指针变成图标 确定 时，按住鼠标左键不放就可移动标注。如图 3-10 所示。调整标记处的 3 个黄色控制按钮，可以调整标注的位置和大小，最终效果如图 3-10 所示。
- ✧ 切换到“图像”选项卡，单击“图像式样”面板中的图标，为捕获的图像添加边缘效果，如图 3-11 所示。
- ✧ 编辑完成后，单击工具栏上的按钮，保存图像，最终效果如图 3-12 所示。

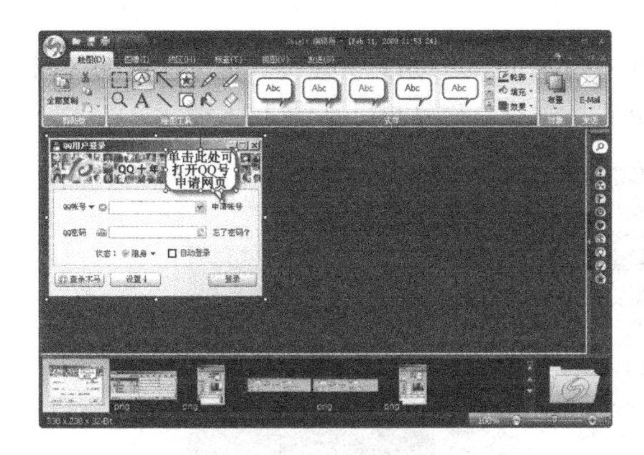

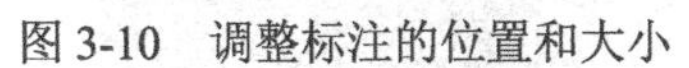

图3-10　调整标注的位置和大小

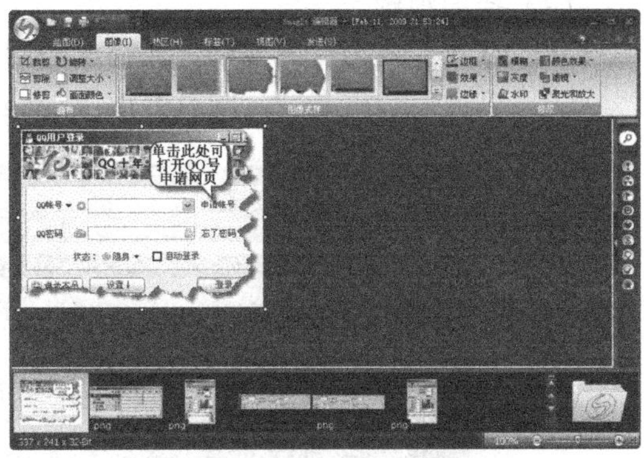

图3-11　添加边缘效果后的图片

图3-12　编辑后的效果图

3．进行视频捕捉

（1）选择捕捉方案。单击SnagIt操作界面右下方的 按钮，在打开的下拉列表中选择“视频捕捉”选项，如图3-13所示。

（2）设置捕捉方案。在操作界面下方的“方案设置”面板中将“输入”样式设置为“窗口”，“输出”样式设置为“无选择”，“效果”样式设置为“无效果”，如图3-14所示。

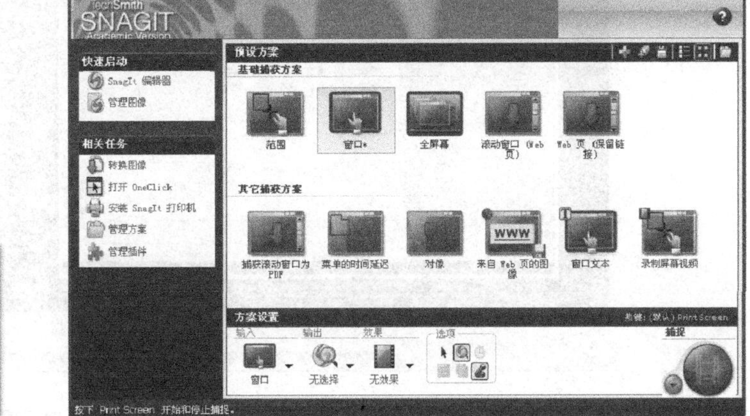

图3-13　选择“视频捕获”选项

图3-14　设置视频捕捉方案

（3）捕捉视频。

✧ 打开需要捕捉的视频，在播放的同时按【Print Screen】快捷键。可见捕获的区域以白色边框显示，同时弹出“SnagIt 视频捕捉”对话框，如图 3-15 所示。

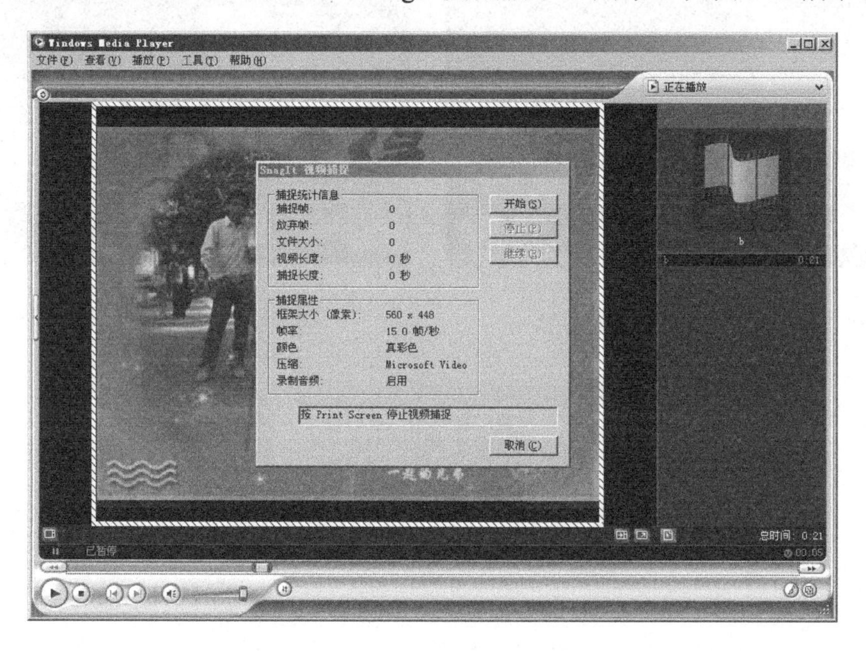

图 3-15　视频捕捉

✧ 单击 开始(S) 按钮，开始捕捉视频图像，视频图像边缘的白色边框开始闪烁，然后双击 Windows Media Player 任务栏右边的 图标或者按【Print Screen】快捷键，将再次弹出“SnagIt 视频捕捉”对话框，如图 3-16 所示。

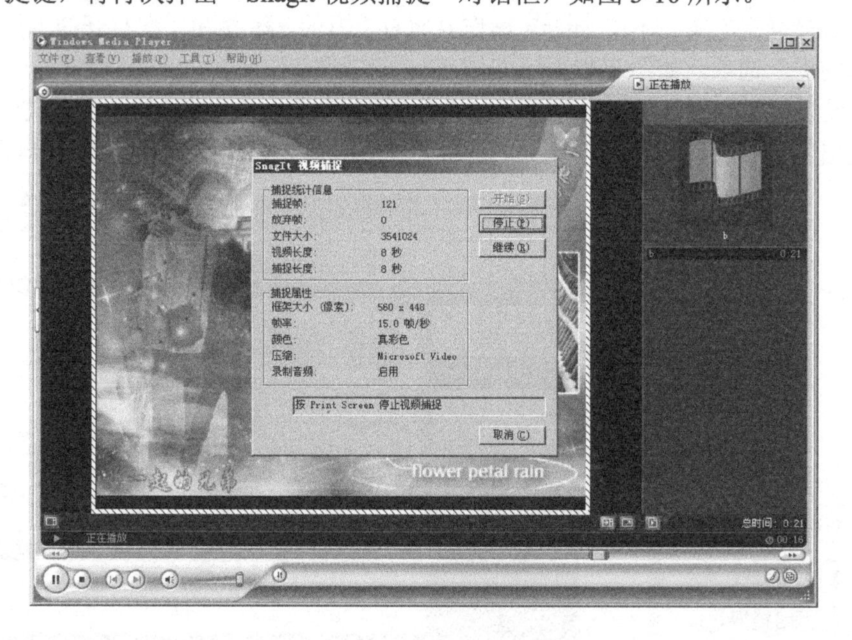

图 3-16　再次弹出“SnagIt 视频捕捉”对话框

✧ 单击 停止(P) 按钮，打开 SnagIt 编辑器，即可预览和编辑所捕捉的视频图像，如图3-17所示。

图3-17　预览所捕捉的图像

✧　单击工具栏上的 按钮，将捕捉的图像保存为AVI格式的视频文件。

二、图像管理工具——ACDSee

1．浏览图片

（1）打开浏览的图片。

✧　启动ACDSee，进入其操作界面，如图3-18所示。

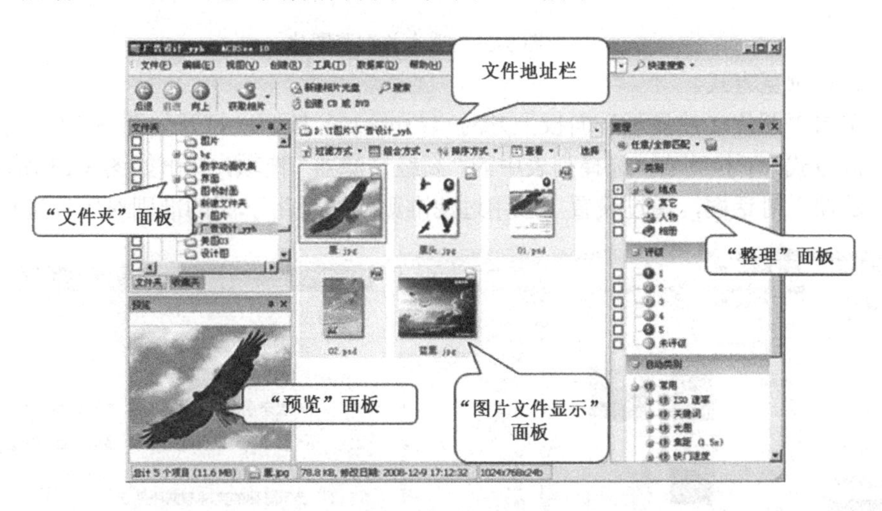

图3-18　ACDSee 10.0操作界面

✧　在“文件夹”面板的列表中依次单击文件夹前的 图标，展开图片所在盘符，展开后选中含有图片的文件夹，这里展开“D:\T图片\bg”文件夹，在右侧的“图片文件显示”面板中便可浏览到“bg”文件夹中的所有图片，如图3-19和图3-20所示。

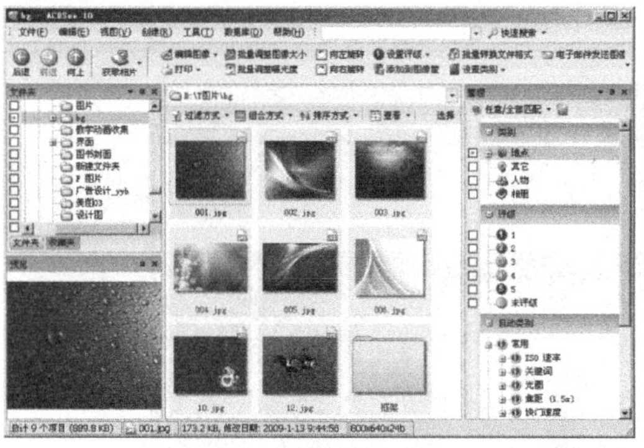

图 3-19　浏览文件夹中的图片

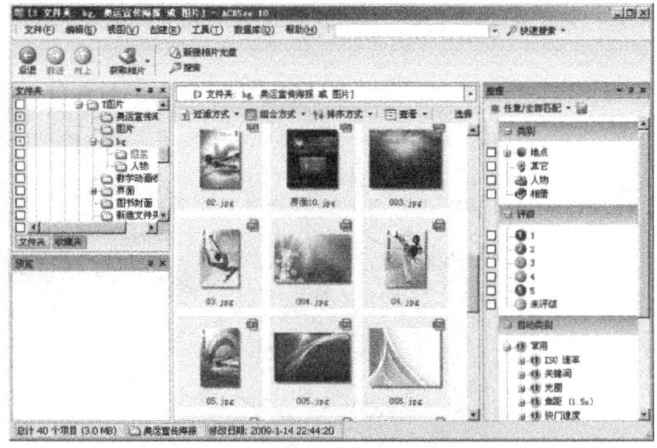

图 3-20　浏览多个文件夹中的图片

✧ 在“图片文件显示”面板中选中需要浏览的图片，将会弹出一个放大的显示图片，在左下角的“预览”面板中也会显示此图片，如图 3-21 所示。

图 3-21　选中并浏览图片

（2）选择浏览方式。

✧ 单击“图片文件显示”面板上方的 过滤方式 按钮，打开如图 3-22 所示的“过滤方式”下拉列表，选择列表中的“高级过滤器”选项，弹出如图 3-23 所示的“过滤器”对话框，通过设置“应用过滤准则”选项组下面的准则对图片进行过滤。

图 3-22　对图片进行过滤

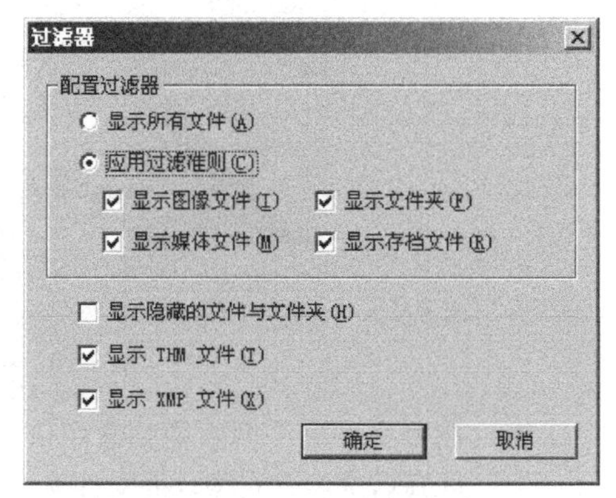

图 3-23　“过滤器”对话框

✧ 单击“图片文件显示”面板上方的 排序方式 按钮，在打开的“排序方式”下拉列表中可以选择按“文件名称”、“大小”、“图像类型”等进行排序，如图3-24所示。

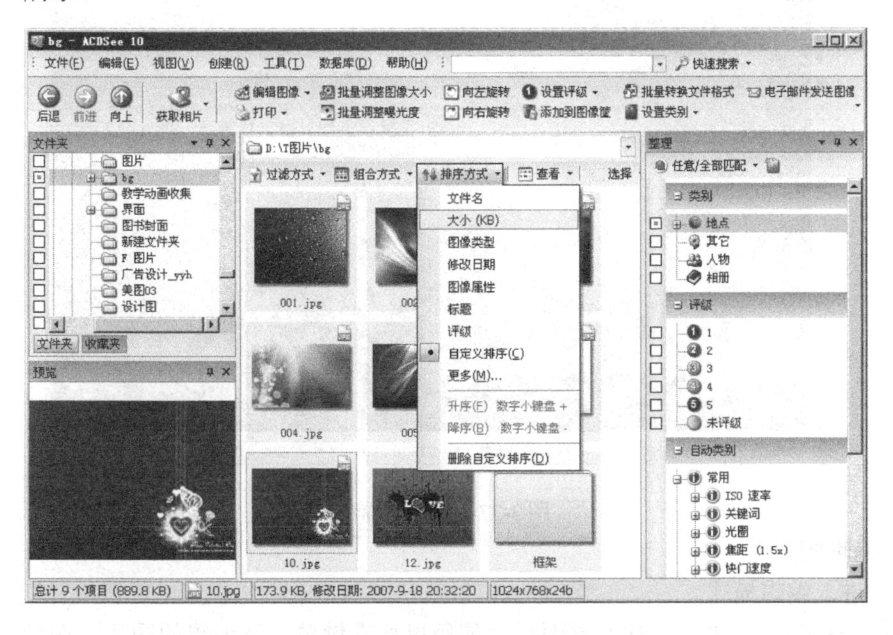

图3-24　对图片进行排序

✧ 单击“图片文件显示”面板上方的 查看 按钮，打开如图3-25所示的“查看”下拉列表，可以选择“平铺”、“图标”等显示方式。如图3-26所示即为选择以“平铺”方式进行浏览的效果。

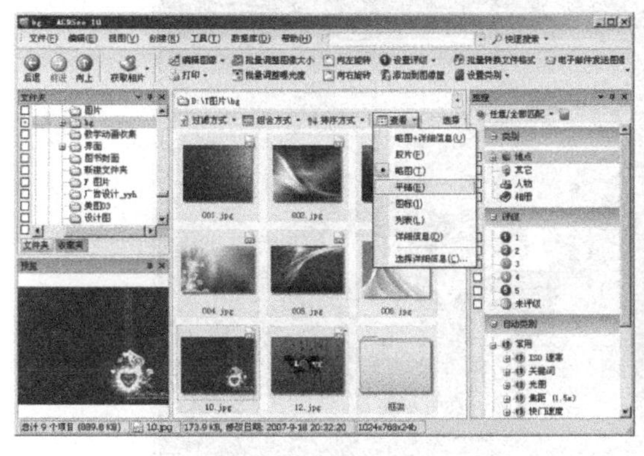

图3-25　对图片进行查看

图3-26　以“平铺”方式浏览图片

✧ 在“图片文件显示”面板中选择某张需要详细查看的图片，按【Enter】键或双击该图片，即可打开图片查看器预览选中的图片，如图3-27所示。也可以使用鼠标右键单击要预览的图片，在弹出的快捷菜单中选择“查看”命令，打开图片查看器。

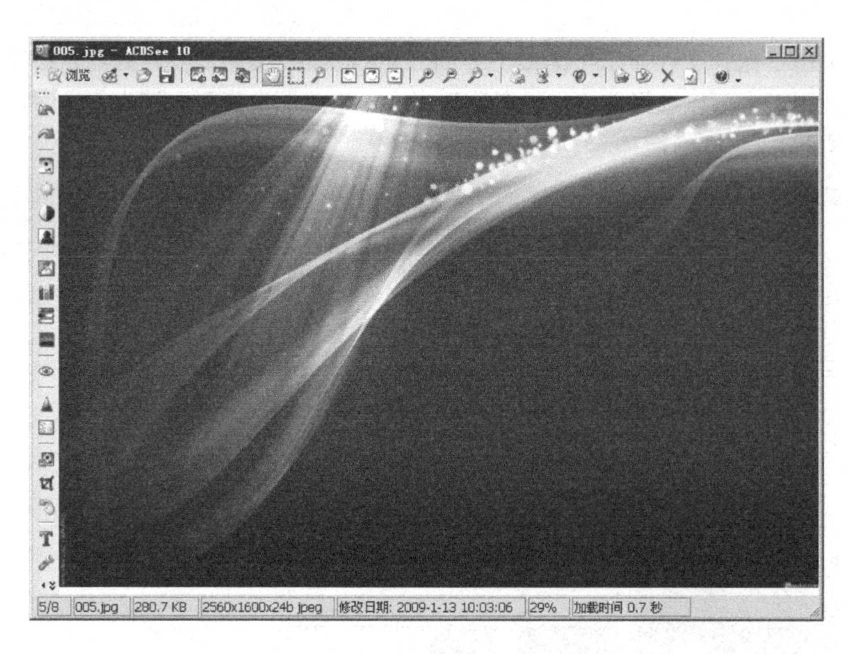

图 3-27　图片查看器

2．编辑图片

（1）进入编辑模式。

启动 ACDSee，进入其操作界面后，使用鼠标右键单击待编辑的图片，在弹出的快捷菜单中选择“编辑”命令，打开图片编辑器，如图 3-28 所示。

图 3-28　打开待编辑的图片

（2）调整图片大小。

✧　选择“编辑面板”列表框中的“调整大小”选项，切换到“调整大小”面板，在“预设值”下拉列表中选择所需的大小或者在“像素”文本框中输入用户需要的大小，如图 3-29 所示。

图 3-29　调整图片大小

✧　向下拖动标记的滑块，将下方的控制按钮显示出来，如图 3-30 所示，单击 完成 按钮，完成图像大小的调整。

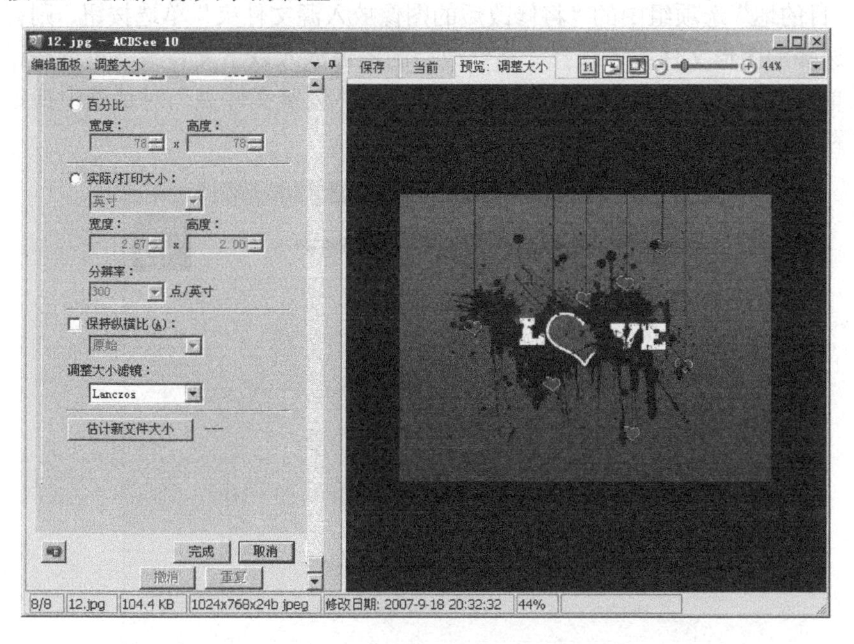

图 3-30　调整图像大小完成

✧　单击 ✕ 按钮，弹出“保存”对话框，单击 另存为... 按钮，保存设置后的图片。

3．批量修改图片

（1）打开转换工具。

在“图片文件显示”面板中选择要转换的图片（可以选择多个文件）后，选择菜单栏中的【工具】→【转换文件格式】命令，弹出“批量转换文件格式”对话框，如图 3-31 所示。

图 3-31　“批量转换文件格式”对话框

（2）相关参数设置。

✧ 在“格式”选项卡中选择要转换成的格式选项，这里选择 GIF 格式。

✧ 单击 下一步(N) > 按钮，进入“设置输出选项”对话框，如图 3-32 所示。若选择“目的地”选项组中的“将修改后的图像放入源文件夹”单选按钮，则替换当前所选择的图形文件；若选择“将修改后的图像放入以下文件夹”单选按钮，则需要单击右方的 浏览(B)... 按钮，在弹出的“浏览文件夹”对话框中指定新的保存路径，这里选中前者。

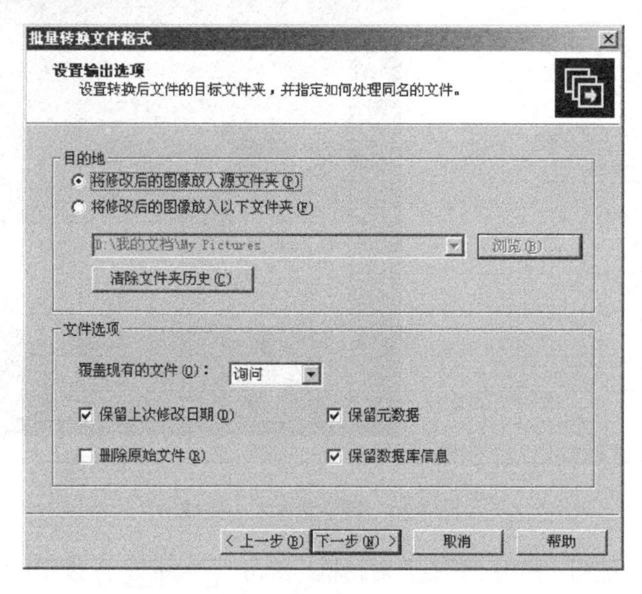

图 3-32　“设置输出选项”对话框

✧ 单击 下一步(N) > 按钮，进入“设置多页选项”对话框，如图 3-33 所示，其主要针对 CDR 格式的图片，这里保持默认设置即可。

✧ 单击 开始转换(C) 按钮，进入“转换文件”对话框，如图 3-34 所示。文件转换结束后，单击 完成 按钮即完成此次操作。

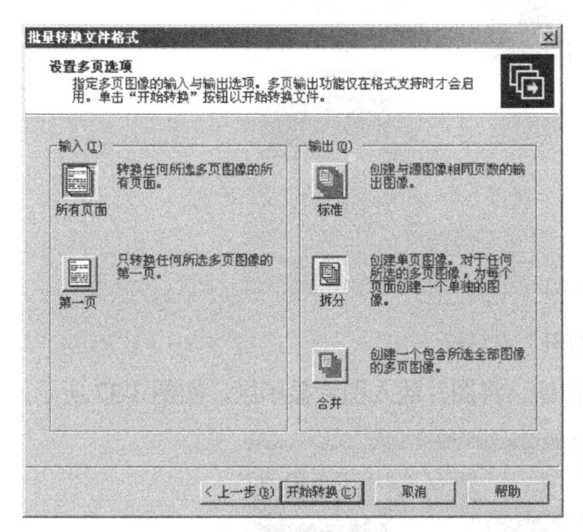

图 3-33　“设置多页选项”对话框

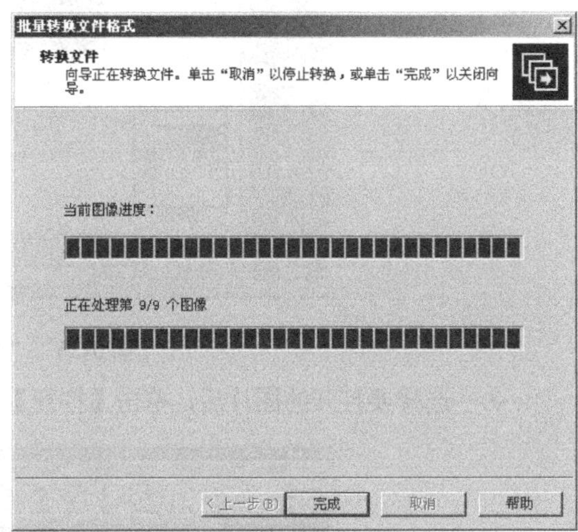

图 3-34　“转换文件”对话框

三、图像处理工具——光影魔术手

1．图像调整功能

（1）打开要处理的图片。

✧ 启动光影魔术手，进入其操作界面，如图 3-35 所示。

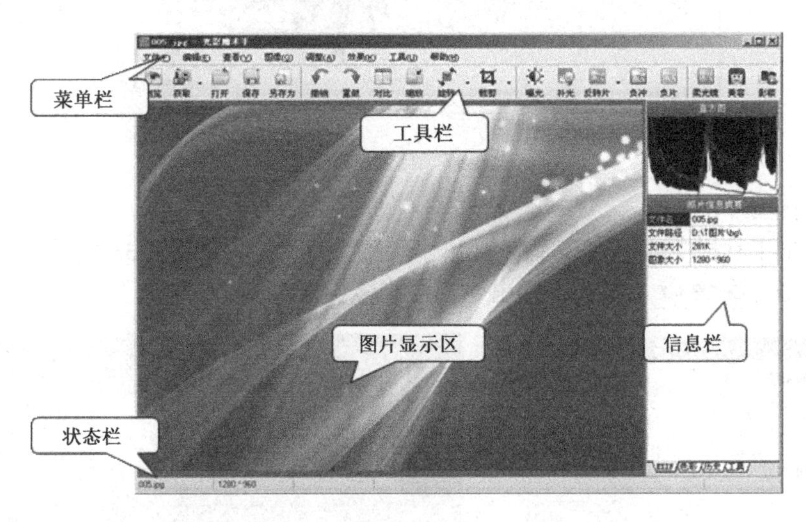

图 3-35　光影魔术手操作界面

✧ 打开“打开”对话框，如图 3-36 所示。

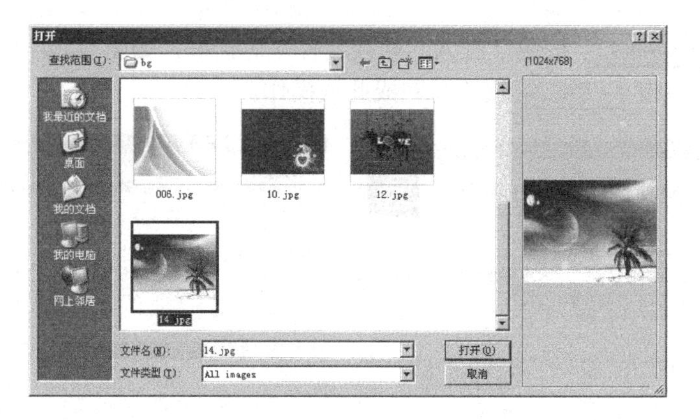

图 3-36　“打开”对话框

✧　选择要打开的图片后，单击【打开】按钮，将图片载入图片显示区，如图 3-37 所示。

图 3-37　打开的图片

（2）旋转图片。

✧　单击工具栏中的 旋转 按钮，弹出“旋转”对话框，如图 3-38 所示。

✧　单击 任意角度 按钮，弹出“自由旋转”窗口。

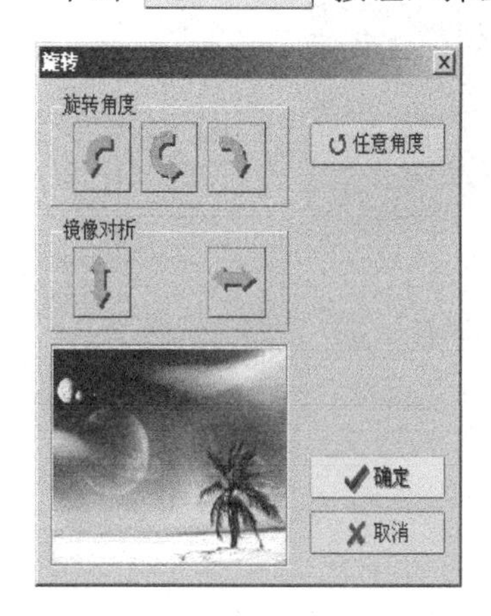

图 3-38　“自由旋转”窗口

✧ 将鼠标指针置于左边的图片显示区域，在鼠标指针经过的地方将会出现虚线坐标，以帮助用户确定水平和垂直的角度，如图 3-39 所示。

✧ 按住鼠标左键不放，拖曳鼠标绘制一条旋转辅助线，此时旋转的角度已经由软件自动计算出来，如图 3-40 所示标记处。

图 3-39　坐标定位

图 3-40　绘制旋转辅助线

✧ 单击 预览 按钮，可预览旋转效果，如图 3-41 所示。

图 3-41　预览旋转效果

✧ 如果满足用户需要的旋转效果，单击 确定 按钮，完成旋转，如图 3-41 所示；如果不满足用户需要的效果，单击 复位 按钮，可重新旋转。

2．解决数码照片的曝光问题

（1）打开需要处理的图片，如图 3-42 所示。

（2）选择数码补光功能。

✧ 单击工具栏中的 补光 按钮，软件将自动提高暗部的亮度，同时，亮部的画质不受影响，效果如图 3-43 所示。

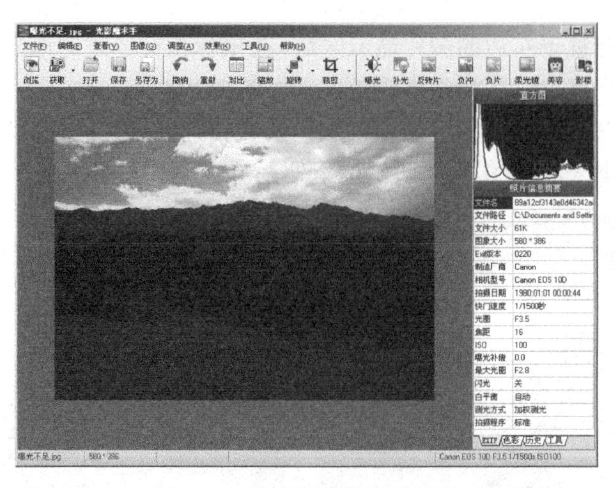

图 3-42　打开曝光不足的照片

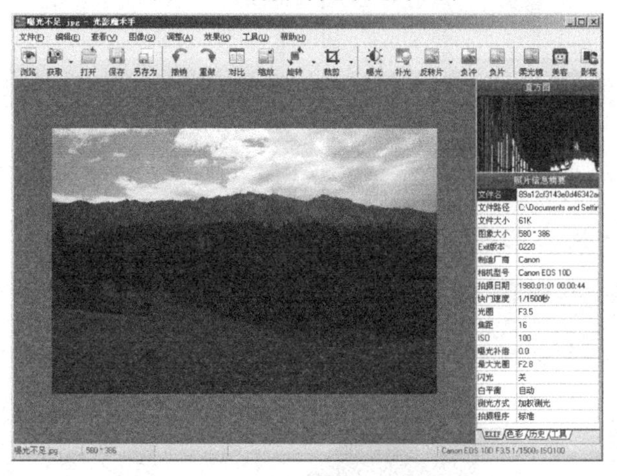

图 3-43　第一次补光后的效果

✧　再单击 补光 按钮两次，最终效果如图 3-44 所示。

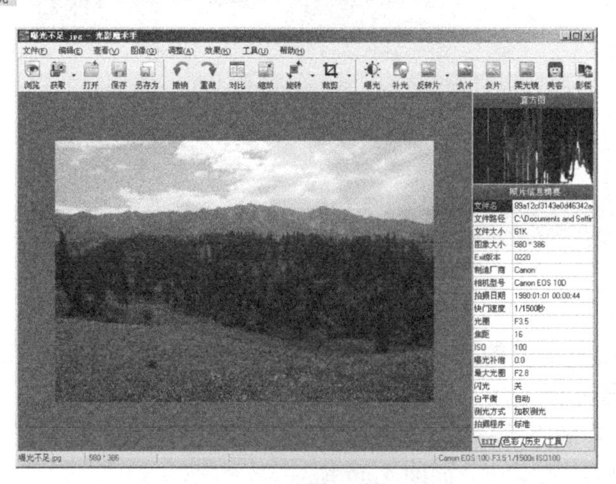

图 3-44　3 次补光后的效果

3．制作个人艺术照

（1）打开个人照片。启动光影魔术手，打开一张个人照片，如图 3-45 所示。

图 3-45　打开个人照片

（2）制作影楼人像。

✧　在菜单栏中选择【效果】→【影楼风格人像照】命令，弹出“影楼人像”对话框，如图 3-46 所示。

✧　在“色调”下拉列表中选择“冷绿”选项，如图 3-47 所示。

图 3-46　“影楼人像”对话框

图 3-47　选择“冷绿”选项

✧　单击 确定 按钮，此时的图片效果如图 3-48 所示。

图 3-48　添加“冷绿”效果后的图片

（3）制作撕边边框。

✧ 在菜单栏中选择【工具】→【撕边边框】命令，弹出“撕边边框”对话框，如图 3-49 所示。

✧ 在边框样式中选择名为“letter1”的撕边样式，如图 3-50 所示。

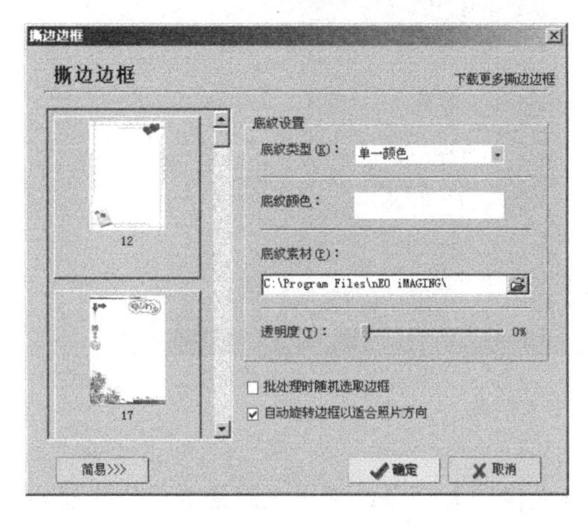

图 3-49 “撕边边框”对话框

图 3-50 选择撕边样式

✧ 单击 确定 按钮，添加撕边边框效果后的图片如图 3-51 所示。

图 3-51 添加撕边边框效果后的图片

（4）制作花样边框。

✧ 在菜单栏中选择【工具】→【花样边框】命令，弹出“花样边框”对话框，如图 3-52 所示。

✧ 在“花样边框”下拉列表中选择“简洁”选项，然后在边框样式中选择名为“Book2”的相框样式，如图 3-53 所示。

图 3-52　“花样边框”对话框

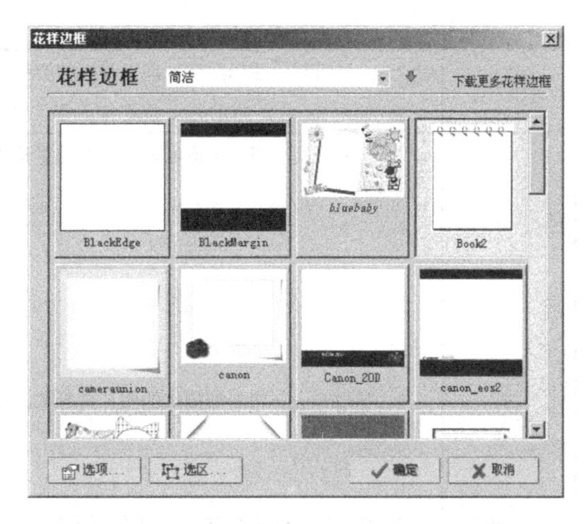

图 3-53　选择相框样式

✧　单击 确定 按钮，添加花样边框效果后的图片如图 3-54 所示。

图 3-54　添加花样边框效果后的图片

[工作任务单]

工作任务 1　使用图形图像处理工具

任务名称	使用图形图像处理工具
任务描述	1．通过讨论，制定为照片进行修改、艺术加工的工作方案。 2．学生通过上网查找资料，了解图形图像处理工具，掌握其使用方法
学习目标	知识目标： 了解图形图像处理工具的主要功能。 能力目标： 熟练使用 Snagit、ACDsee、光影魔术手工具软件

续表

<table>
<tr><td>考核内容</td><td colspan="3">1．上网查找“图形图像处理工具”的资料并整理。
2．使用 Snagit、ACDsee、光影魔术手工具软件</td></tr>
<tr><td>工作过程</td><td colspan="3">1．上网查找“图形图像处理工具”的主要功能。

2．使用 Snagit 将老师提供的图片进行截图修改，完成作品上传。

3．使用 Snagit 将在 IE 中使用代理服务器上传的过程录屏，并保存为 avi 格式。

4．使用 ACDsee 将老师提供的照片素材进行统一修改大小，为 120KB，统一修改文件名为“班级相册-00*”。

5．使用光影魔术手将班级相册照片分别进行艺术加工，注意使用不同的效果。</td></tr>
<tr><td colspan="4">本节课学习体会：</td></tr>
<tr><td rowspan="3">学生自评</td><td>优秀</td><td>良好</td><td>合格</td></tr>
<tr><td>1．能够很好地遵守教学课堂、上机纪律，遵守《机房注意事项》，服从老师的管理；
2．能够很好地完成工作任务单；
3. 初步具有软件知识产权的保护意识；
4. 在给定的时间内小组能独立、正确使用工具软件完成工作任务</td><td>1．能够较好地遵守教学课堂、上机纪律，遵守《机房注意事项》，服从老师的管理；
2．能够较好地完成工作任务单；
3．初步具有软件知识产权的保护意识；
4．在给定的时间内，在老师的指导下，小组能正确使用工具软件完成工作任务</td><td>1. 能够基本遵守教学课堂、上机纪律，遵守《机房注意事项》，服从老师的管理；
2．能够基本完成工作任务单；
3. 初步具有软件知识产权的保护意识；
4. 小组在给定的时间内能在老师的指导下，基本完成工作任务</td></tr>
<tr><td></td><td></td><td></td></tr>
</table>

[工作任务]

工作任务 2　使用音频视频处理工具

【任务描述】

学生通过讨论，制定为所选照片进行处理的工作方案。并通过上网查找资料，了解音频/视频的处理工具，掌握酷我音乐盒、Windows Movie Maker 等工具软件的使用方法。

【学习情境】

准备为班级制作“班级新年活动视频”，其中要对班级照片素材进行艺术加工，并使用软件进行制作。完成这项工作需要使用音频/视频处理工具，以达到满意的效果。

【学习方式】

◇　活动形式：分组讨论，并记录讨论结果。

　　　　　　小组代表发言，阐述本组制定的方案的观点。

根据教师的提示，上网搜索相关内容，并填写工作任务单。

【工作流程】

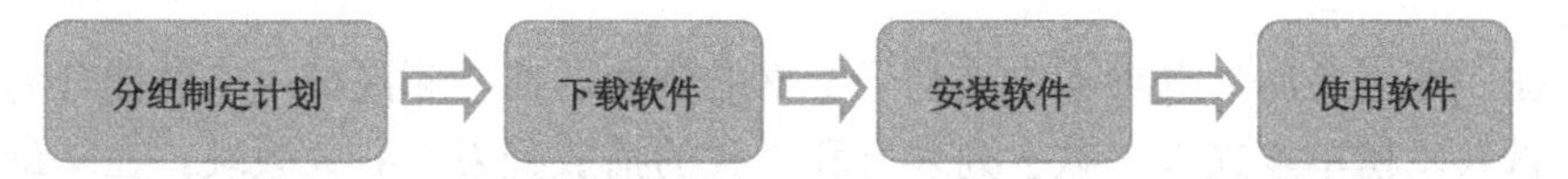

知识解析

【操作步骤】

一、音乐播放工具——酷我音乐盒

1．播放网络音乐

（1）网络歌曲选择。

✧　启动酷我音乐盒，打开如图 3-55 所示的操作界面。

图 3-55　酷我音乐盒操作界面

✧ 默认打开的是“今日推荐”选项卡，其中是软件服务器端推荐的目前最流行的各种音乐专辑和歌曲。

✧ 单击 网络曲库 选项，切换到“网络曲库”选项卡，如图 3-56 所示。

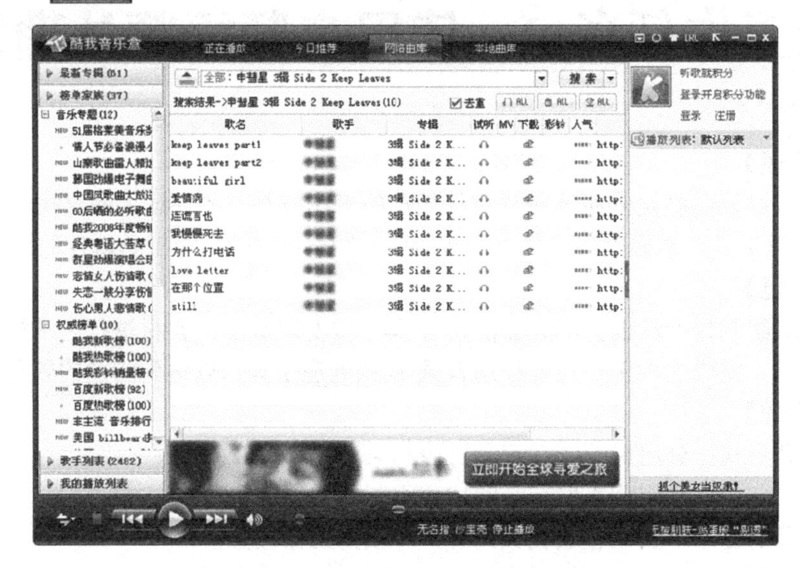

图 3-56 “网络曲库”选项卡

✧ 在“网络曲库”选项卡中陈列了丰富的歌曲，在左侧区域中将歌曲分为“最新专辑”、“榜单家族”、“歌手列表”和“我的播放列表”4 大版块。在“最新专辑”中单击某个歌手的名字即可打开该歌手的最新专辑歌曲列表，如图 3-57 所示。

歌名	歌手	专辑	试听	MV	下载	彩铃	人气
爱火花		学友光年世界...					ht·
每天爱你多一些		学友光年世界...					ht·
大地恩情		学友光年世界...					ht·
非常夏日		学友光年世界...					ht·
今晚要尽情		学友光年世界...					ht·
讲你知		学友光年世界...					ht·
烦恼歌		学友光年世界...					ht·
一个人的牺牲		学友光年世界...					ht·
摇摆		学友光年世界...					ht·
给朋友		学友光年世界...					ht·
走不掉		学友光年世界...					ht·
你是爱我的		学友光年世界...					ht·
红色		学友光年世界...					ht·
和好不如初		学友光年世界...					ht·
男人本该妒忌		学友光年世界...					ht·
命运曲		学友光年世界...					ht·

图 3-57 专辑歌曲列表

✧ 在“专辑”栏的右边还有“试听”栏、“MV”栏、“下载”栏、“彩铃”栏和“人气”栏，栏标题下面显示相应图标，表明软件可提供相应的服务。如某歌曲的“MV”栏标题下面显示 图标，则表明该歌曲提供了“MV”服务，单击 图标可观看歌曲的 MV。

（2）设置播放属性。

✧ 单击某歌曲的 图标播放该歌曲，单击 正在播放 按钮，切换到如图 3-58 所示的“正在播放”选项卡，在该项中将显示该歌曲中的“歌词”。

图 3-58　“正在播放”选项卡

✧ 单击 +照片 按钮，添加本地图片，作为播放歌曲的背景图片，如图 3-59 所示。

✧ 选择图片后，单击 确定 按钮，完成添加。播放音乐的同时就可以缓缓地展示添加的图片了，如图 3-60 所示。

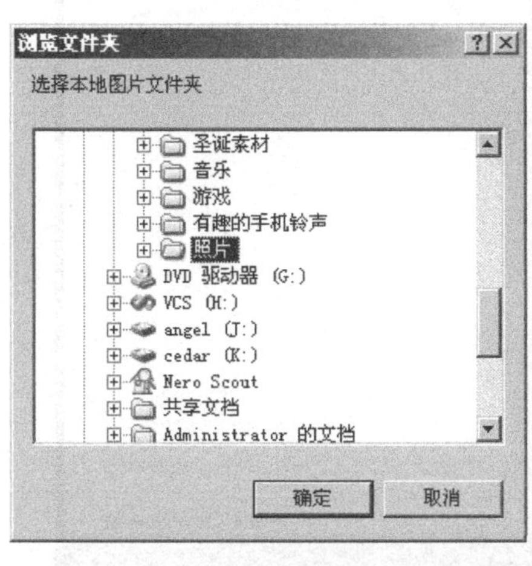

图 3-59　添加本地图片　　图 3-60　将本地图片作为背景

✧ 单击 •图库 按钮，可在网络上搜索该歌曲的相关图片来作为播放背景，如图 3-61 所示。

✧ 单击 MV 按钮，将自动在网络上搜索并播放该歌曲的 MV，如搜索 MV 失败，将显示如图 3-62 所示的提示信息。

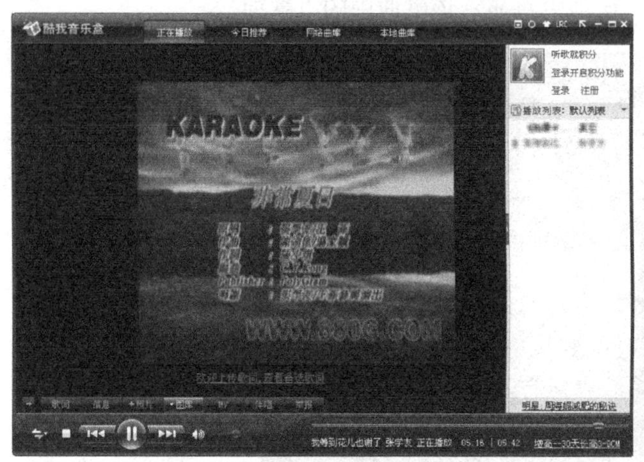

图 3-61 将网络图片作为背景　　　　图 3-62 提示信息

✧ 单击 伴唱 按钮，将播放该歌曲的伴唱。

2．播放本地歌曲

（1）添加本地歌曲。

✧ 单击 本地曲库 按钮，切换到如图 3-63 所示的“本地曲库”选项卡。

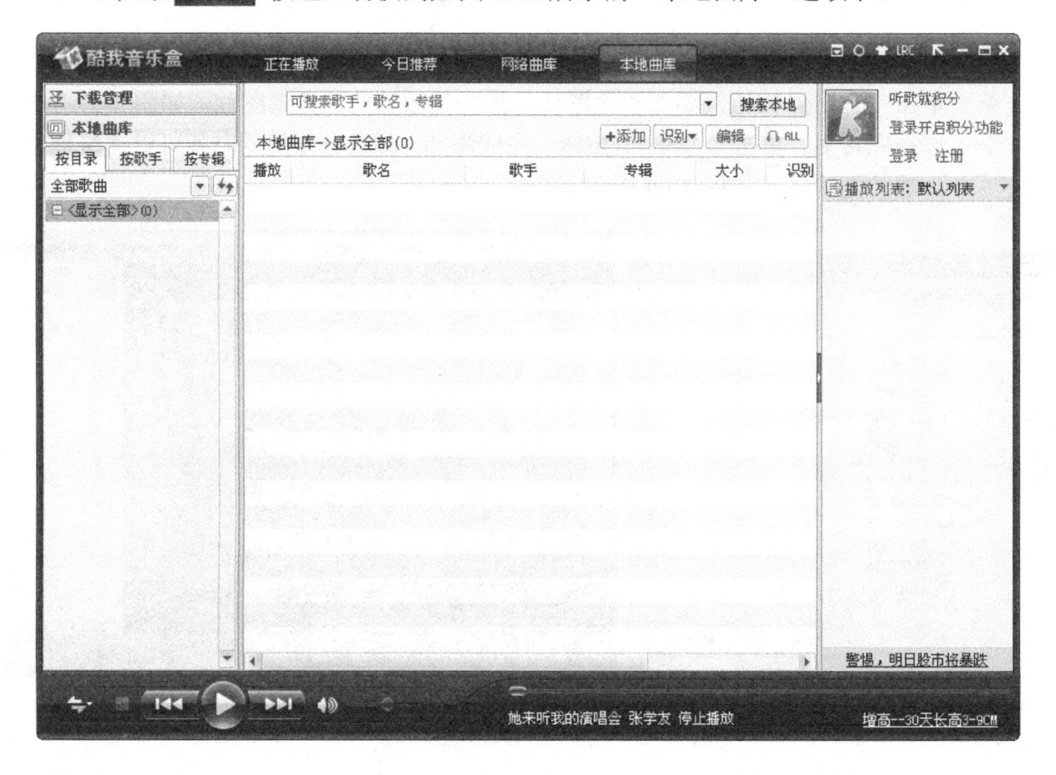

图 3-63 “本地曲库”选项卡

✧ 单击 +添加 按钮，弹出“添加到本地曲库”对话框，选择“搜索歌曲文件夹”单选按钮，如图 3-64 所示。

✧ 单击 添加文件夹 按钮，弹出“浏览文件夹”对话框，选择存放音乐的文件夹，如图 3-65 所示。

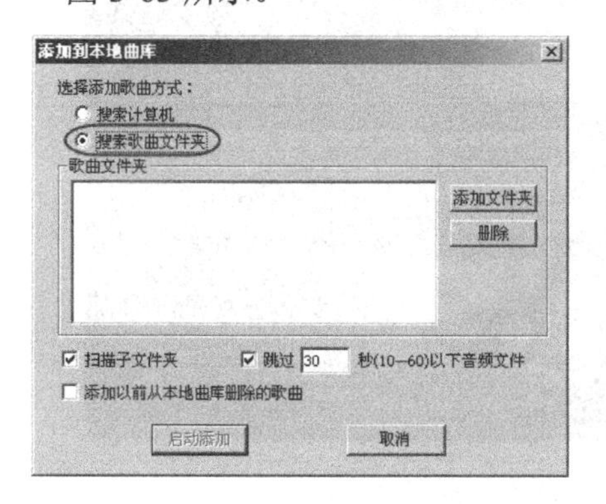

图 3-64　添加到本地曲库

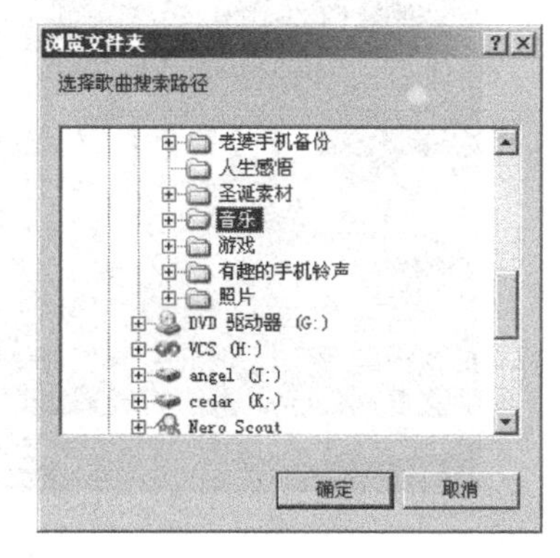

图 3-65　选择音乐文件夹

✧ 单击 确定 按钮，完成音乐文件夹的添加。单击 启动添加 按钮，即可将本地音乐文件添加到“本地曲库”中，如图 3-66 所示，单击 图标即可播放该歌曲。

图 3-66　添加本地曲目

二、网络电视——PPLive

1．收看直播节目

（1）启动 PPLive，打开如图 3-67 所示的操作界面。

图 3-67　PPLive 操作界面

（2）在操作界面的右侧为 PPLive 的节目分类，单击 直播 按钮，打开网络直播节目单，如图 3-68 所示。

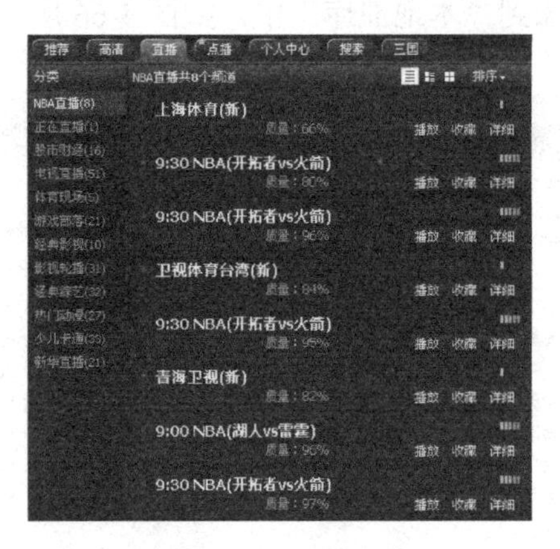

图 3-68　节目单

（3）这里将节目单又分为了若干种类，可以选择喜欢的节目类型进行观看。单击按钮，程序就开始视频缓冲，缓冲完成就可观看相应的直播节目。

2．点播经典影片

（1）选择播放影片。

- ✧ 单击 点播 按钮，切换到“点播”选项卡，打开如图 3-69 所示的点播列表。在列表左侧将所有节目分成了“今日焦点”、“新剧上线”等众多类别，在这里可以观看近日错过的精彩节目，也可以重温一些经典影片。
- ✧ 单击 播放 按钮，即可从头观看选择的节目了。

（2）搜索影片进行播放。

- ✧ 如果想快速查找某一节目，还可以在搜索栏中输入片名或相关演员的名字，例如输入“皇帝”，则列表中立即出现包含“皇帝”关键字的相关节目，如图 3-70 所示。
- ✧ 如果输入文字后，软件的自动搜索未能达到要求，还可以单击 搜索 按钮，进行网页搜索，这样就可以搜索出更多的相关节目。

图 3-69　点播列表

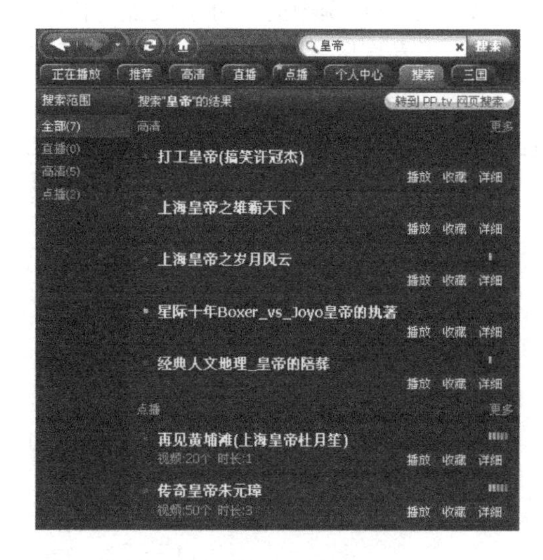

图 3-70　搜索影片

三、视频编辑工具——Windows Movie Maker

1．捕获视频

（1）捕获视频。

✧　启动 Windows Movie Maker，其操作界面如图 3-71 所示。

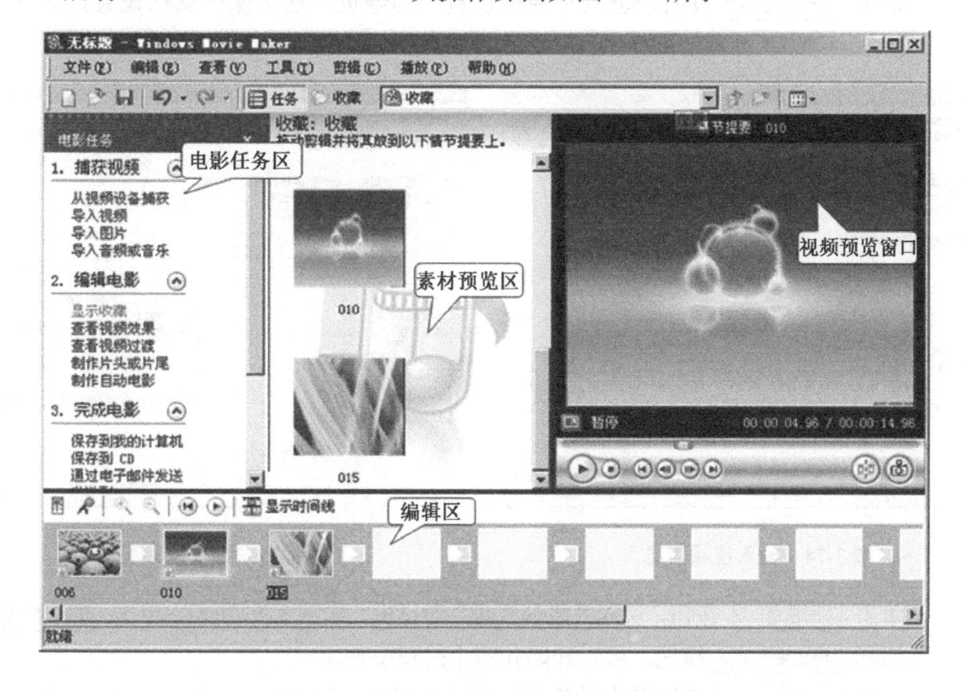

图 3-71　Windows Movie Maker 操作界面

✧　确保用户计算机上的摄像头为可用，选择【文件】→【捕获视频】命令，弹出“视频捕获向导：USB PC Camera (SN9C120)”对话框，如图 3-72 所示。

✧ 在对话框中的“可用设备”栏中选择摄像头；在“音频输入源”下拉列表中选择“麦克风音量”选项，并向上拖动“输入级别”的滑块，调节输入音量，最终效果如图 3-73 所示。

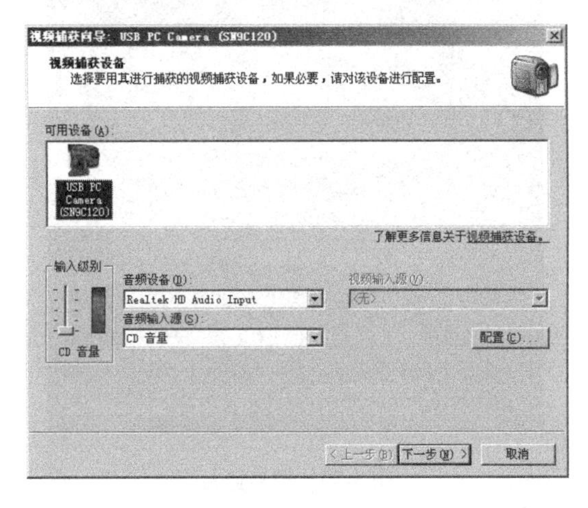

图 3-72 “视频捕获向导：USB PC Camera (SN9C120)”对话框

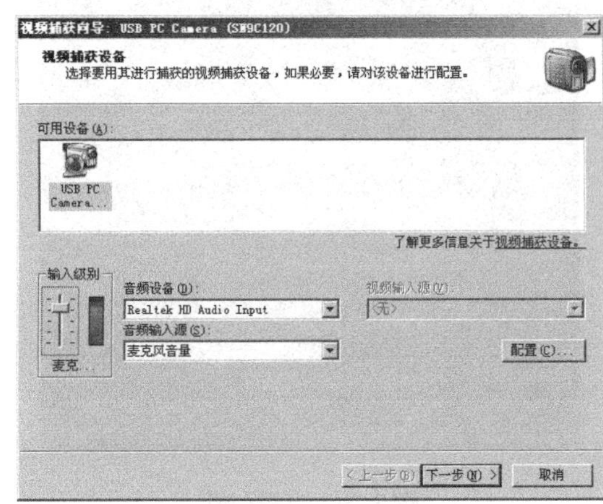

图 3-73 选择视频捕获

✧ 单击 下一步(N) > 按钮，进入“捕获的视频文件”向导页，输入捕获的视频文件信息，最终效果如图 3-74 所示。

✧ 单击 下一步(N) > 按钮，进入“视频设置”向导页，这里保持默认设置，如图 3-75 所示。

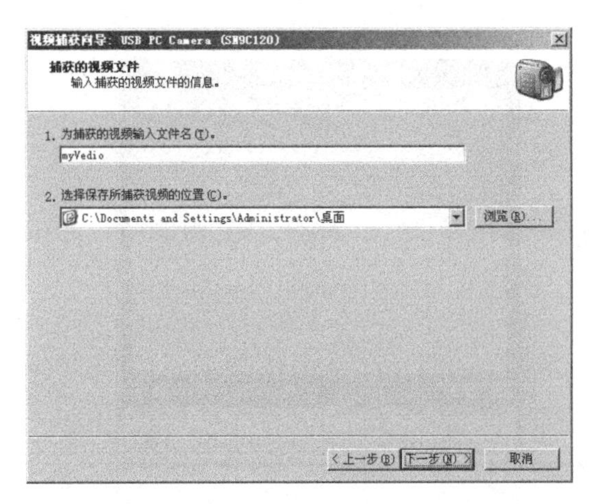

图 3-74 输入视频信息

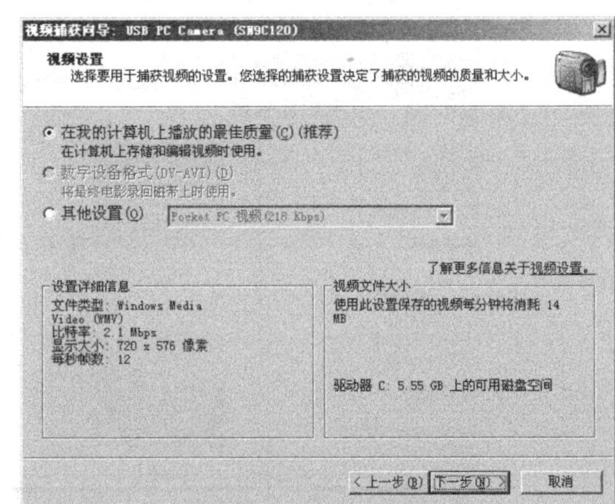

图 3-75 设置视频参数

✧ 单击 下一步(N) > 按钮，进入“捕获视频”对话框，如图 3-76 所示。单击 开始捕获(C) 按钮和 停止捕获(T) 按钮，可以开始和停止捕获视频。

✧ 单击 完成 按钮，捕获的视频已经导入到 Windows Movie Maker 中，如图 3-77 所示。同时将其保存到当初指定的路径。

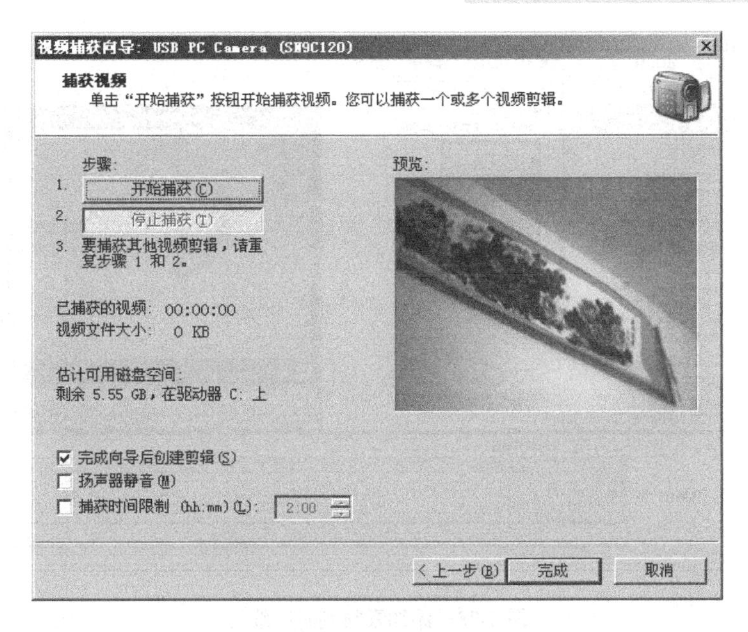

图 3-76　捕获视频

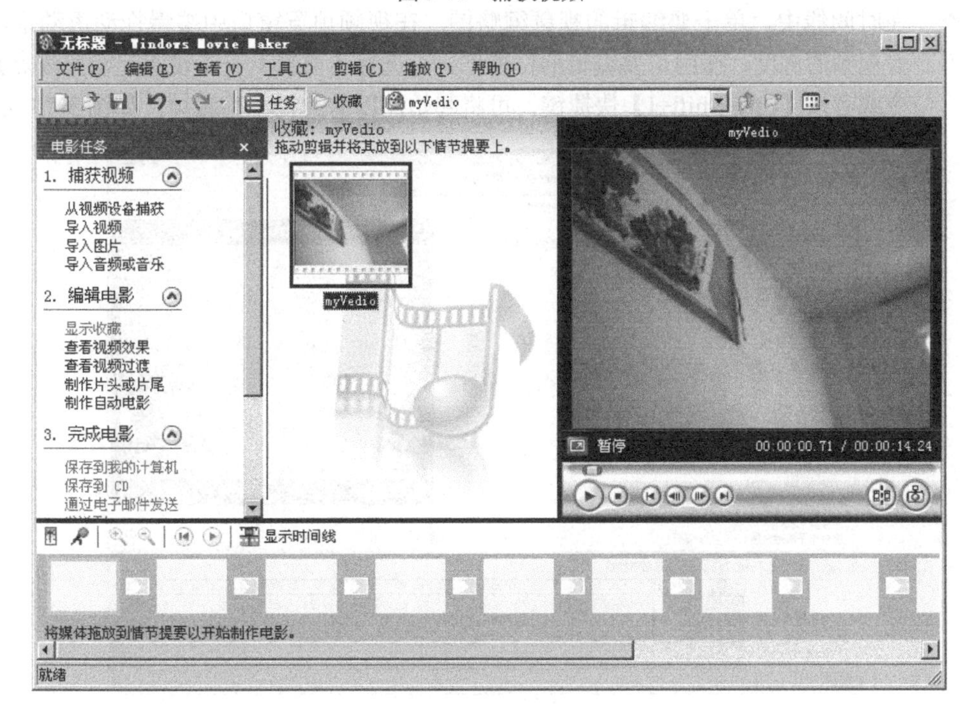

图 3-77　完成捕获

（2）编辑视频。

✧ 选择【查看】→【时间线】命令，使编辑区以时间线显示。使用鼠标右键单击素材预览区中的素材，在弹出的快捷菜单中选择“添加到时间线”命令，将素材添加到时间线上，如图 3-78 所示。

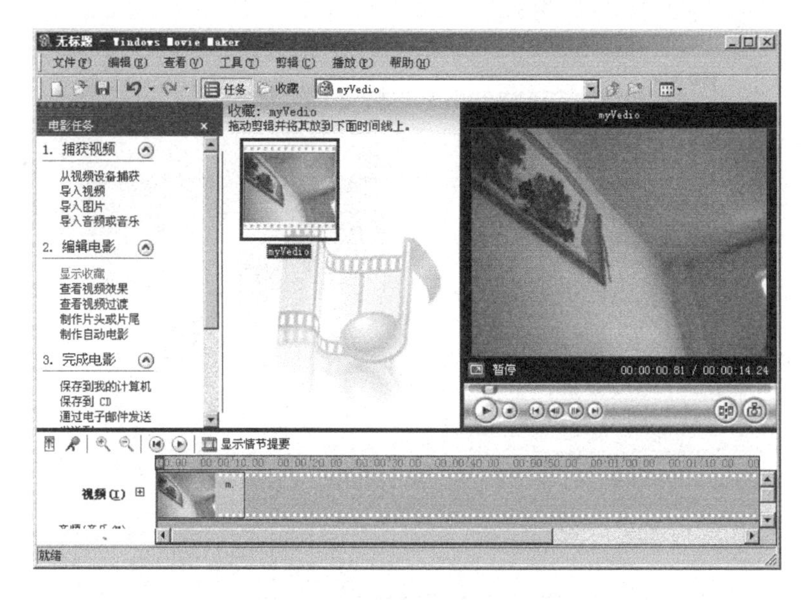

图 3-78　添加素材到时间线上

✧　在时间线中，单击要编辑的视频缩略图。在视频预览窗口中缓慢拖动滚动条，观看视频的进度，在用户要编辑的位置停止。选择【剪辑】→【设置起始剪裁点】命令或者按【Ctrl+Shift+I】快捷键，可将起始点以前的视频剪裁掉，如图 3-79 所示。

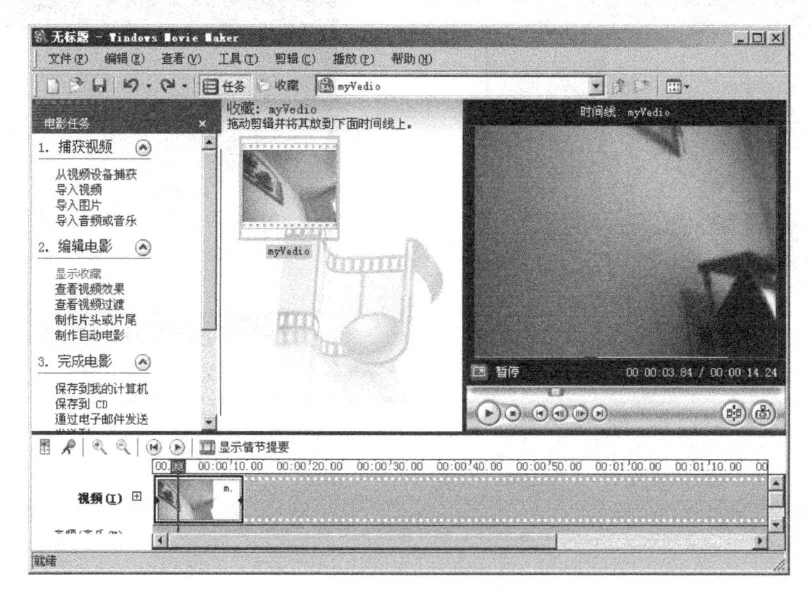

图 3-79　设置起始剪裁点

✧　继续拖动进度滚动条，直至到达用户所需的结束点，选择【剪辑】→【设置结束剪裁点】命令或者按【Ctrl+Shift+O】快捷键，可将结束点以后的视频剪裁掉。

（3）保存编辑后的视频。

✧　选择【文件】→【保存电影文件】命令，弹出“保存电影向导”对话框，输入文件名和保存电影的路径，如图 3-80 所示。

✧　单击 下一步(N) > 按钮，进入“电影设置”对话框，这里保持默认设置，如图 3-81

所示。

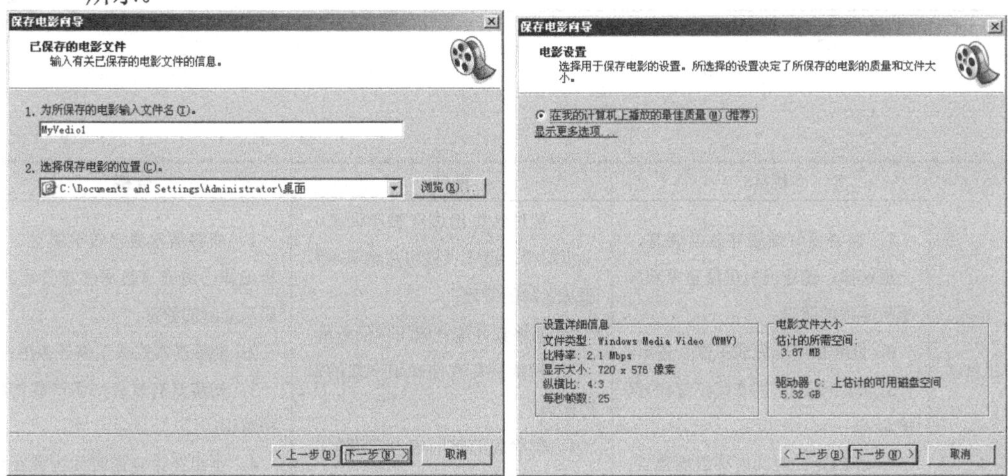

图 3-80 “保存电影向导”对话框　　　图 3-81 电影设置效果

✧ 单击 下一步(N) > 按钮，Windows Movie Maker 开始保存电影。完成后单击 完成 按钮，退出保存向导。

[工作任务单]

工作任务2 使用音频视频处理工具

任务名称	使用音频视频处理工具
任务描述	1．通过讨论，制定为照片进行修改、加工成视频的工作方案。 2．学生通过上网查找资料，了解音频/视频处理工具，掌握其使用方法
学习目标	知识目标： 了解音频/视频处理工具的主要功能。 能力目标： 熟练使用酷我音乐盒、Windows Movie Maker 等工具软件
考核内容	1．上网查找“音频视频处理工具”的资料并整理。 2．使用酷我音乐盒、Windows Movie Maker 等工具软件
工作过程	1．上网查找“音频/视频处理工具”的主要功能。 2．常用的音频视频处理工具有哪些？ 3．使用酷我音乐盒查找“轻音乐”，作为制作视频的背景音乐，操作过程截图保存。 4．使用 Windows Movie Make 制作班级视频，不少于3分钟，保存为“××班级活动掠影-学号+姓名”。

续表

本节课学习体会：			
学生自评	优秀	良好	合格
	1．能够很好地遵守教学课堂、上机纪律，遵守《机房注意事项》，服从老师的管理； 2．能够很好地完成工作任务单； 3．初步具有软件知识产权的保护意识； 4．在给定的时间内小组能独立、正确使用工具软件完成工作任务	1．能够较好地遵守教学课堂、上机纪律，遵守《机房注意事项》，服从老师的管理； 2．能够较好地完成工作任务单； 3．初步具有软件知识产权的保护意识； 4．在给定的时间内，在老师的指导下，小组能正确使用工具软件完成工作任务	1．能够基本遵守教学课堂、上机纪律，遵守《机房注意事项》，服从老师的管理； 2．能够基本完成工作任务单； 3．初步具有软件知识产权的保护意识； 4．小组在给定的时间内能在老师的指导下，基本完成工作任务

[工作任务]

工作任务 3　使用翻译工具

【任务描述】

学生通过讨论，制定解决阅读英文说明书的工作方案。并通过上网查找资料，了解翻译工具的工作原理，掌握灵格斯和金山快译的使用方法。

【学习情境】

学校新购置了一批计算机设备，其中的投影仪为进口设备，但是由于说明书是英文的，不能正确安装及使用，需要使用翻译工具进行翻译。

【学习方式】

◇　活动形式：分组讨论，并将讨论结果记录。

小组代表发言，阐述本组制定的方案的观点。

根据教师的提示，上网搜索相关内容，并填写工作任务单。

【工作流程】

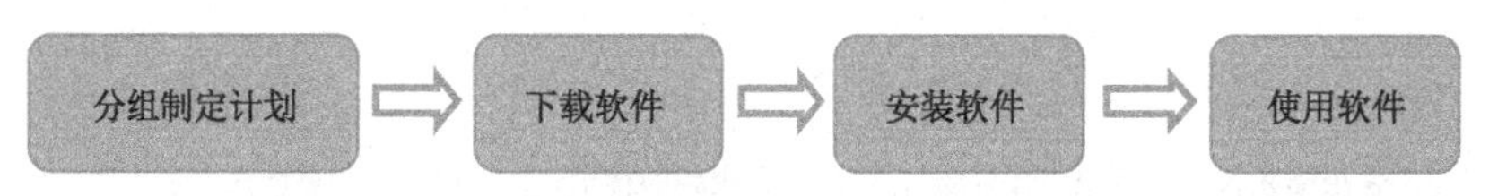

知识解析

一、英语翻译工具——灵格斯

灵格斯（Lingoes）是一款简明易用的词典和文本翻译软件，它支持词典查询和全文翻译；支持屏幕取词、划词翻译、剪贴板取词、索引提示、真人语音朗读等功能，同时提供海量词库免费下载，专业词典、百科全书、例句搜索和网络释义一应俱全，是新一代的词典与文本翻译专家。

二、多功能翻译工具——金山快译

金山快译是一款功能强大的中日英翻译软件，它可以针对文章、网页等进行快速翻译，以及对软件进行汉化。

【操作步骤】

一、英语翻译工具——灵格斯

1．查词翻译

（1）启动 Lingoes，其操作界面如图 3-82 所示。在软件上方的 框中输入要查找的生词，Lingoes 会利用索引提示组中的词典进行索引提示，并在左边的索引栏中显示匹配的单词，如图 3-83 所示。

图 3-82　Lingoes 操作界面　　　　图 3-83　查词索引提示

（2）按【Enter】键或单击 按钮，Lingoes 会将查询结果显示在右侧的显示区内，如图 3-84 所示。单击左侧面板中的词典，可以在相应词典中进行查询。

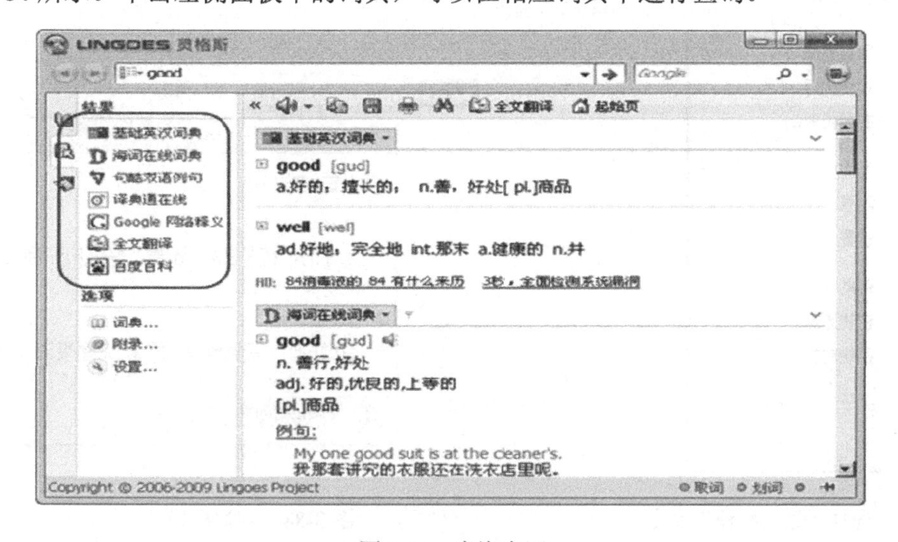

图 3-84　查询生词

（3）如果想找到该词语的更多解释，可在右上方的 Google 框中输入生词，单击按钮，即可在 IE 浏览器中显示查询结果。

2. 取词翻译

（1）屏幕取词。

单击 Lingoes 操作界面右上方的按钮，在弹出的下拉菜单中选择“屏幕取词”命令，确定该项被勾选，如图 3-85 所示。

✧ 按住【Ctrl】键，将鼠标指针悬停在生词上方，然后单击鼠标右键，将在旁边显示翻译结果，如图 3-86 所示。

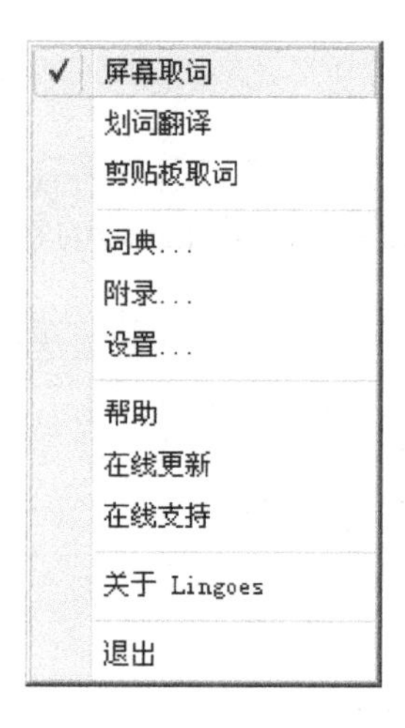

图 3-85　选择“屏幕取词”命令

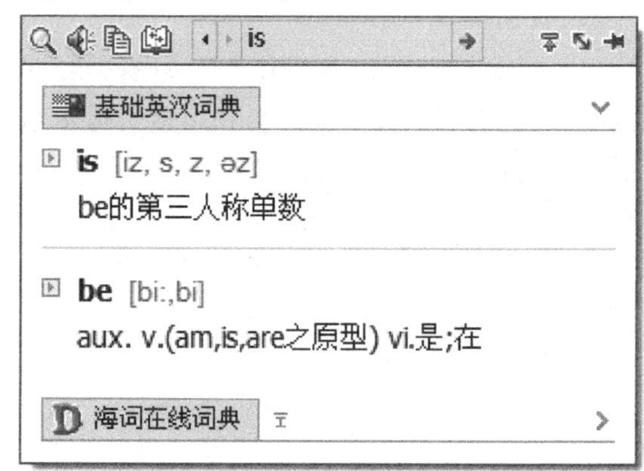

图 3-86　屏幕取词翻译

（2）划词翻译。

✧ 单击 Lingoes 操作界面右上方的按钮，在弹出的下拉菜单中选择“划词翻译”命令，确定该项被勾选，如图 3-87 所示。

✧ 用鼠标选中要翻译的生词或句子，翻译结果将显示在鼠标指针旁边，如图 3-88 所示。

图 3-87　选择“划词翻译”命令

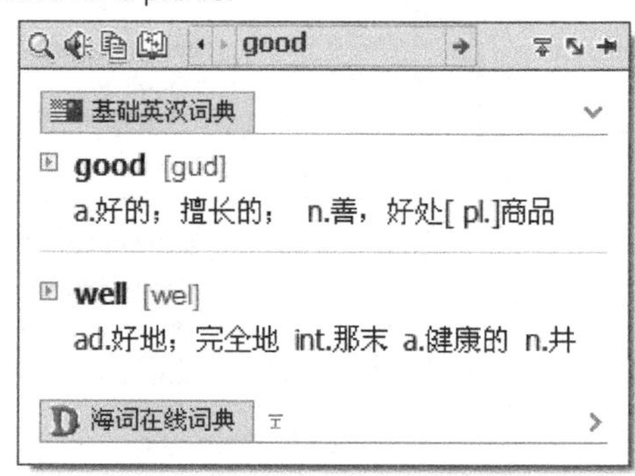

图 3-88　划词翻译

3．全文翻译

（1）单击 Lingoes 操作界面上方 [全文翻译] 按钮，打开全文翻译窗口，如图 3-89 所示。

（2）在“全文翻译”列表框中输入英文段落，然后设置翻译引擎、源语言和目标语言，如图 3-90 所示。

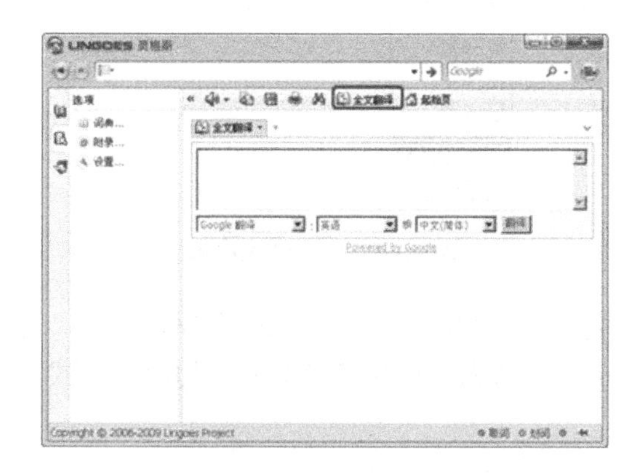

图 3-89　全文翻译窗口

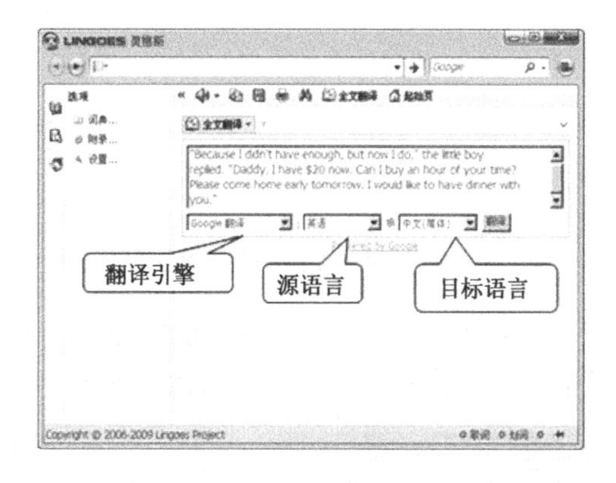

图 3-90　输入英文段落

（3）单击 [翻译] 按钮，即可翻译文本，结果如图 3-91 所示。

（4）在“全文翻译”列表框中输入中文段落，选择从“中文”到“英语”，单击 [翻译] 按钮，即可将中文翻译成英文，如图 3-92 所示。

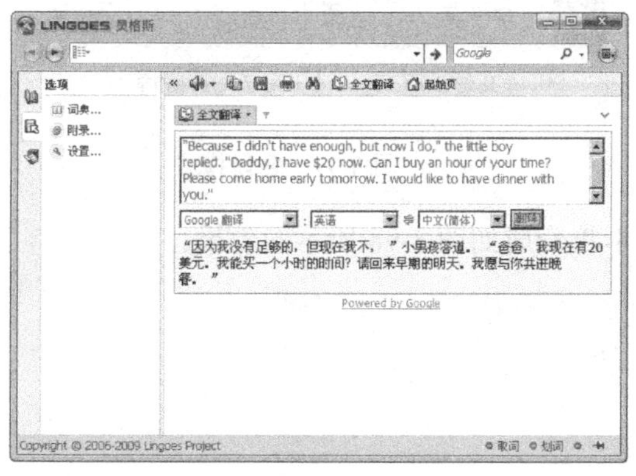

图 3-91　翻译英文段落

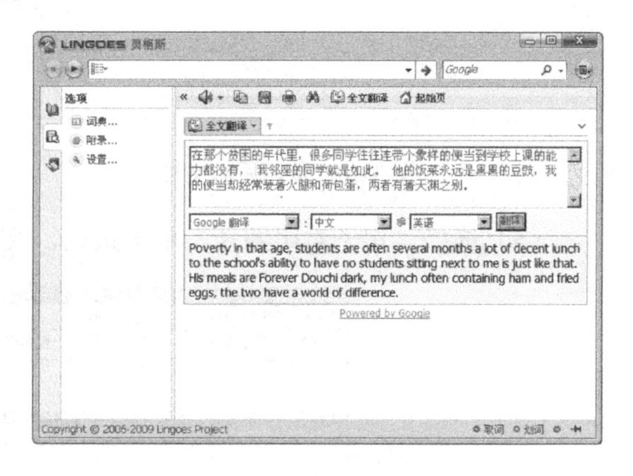

图 3-92　翻译中文段落

二、多功能翻译工具——金山快译

1．快速翻译

（1）金山快译 2009 操作界面如图 3-93 所示。

图 3-93　金山快译 2009 操作界面

（2）打开要翻译的文本，如图 3-94 所示。

（3）选择翻译引擎，如图 3-95 所示。

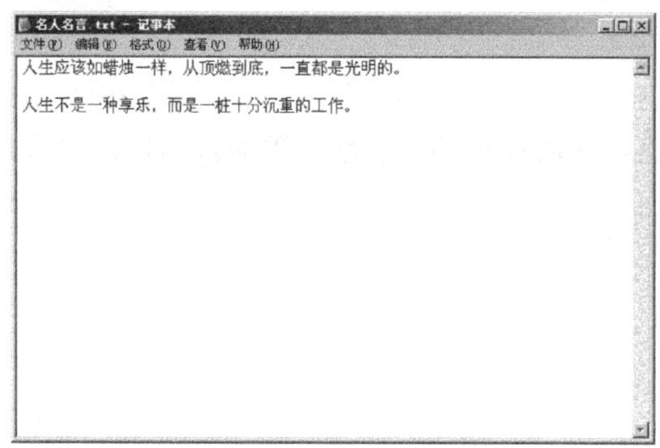

图 3-94　要翻译的文本

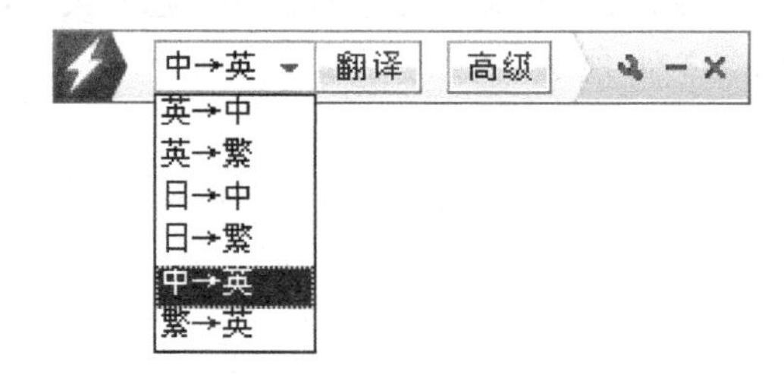

图 3-95　选择翻译引擎

（4）单击操作界面上的 翻译 按钮，即可将打开的文档进行翻译，如图 3-96 所示。同时金山快译将打开翻译模式面板，如图 3-97 所示，默认为“译文替换原文”的翻译模式。

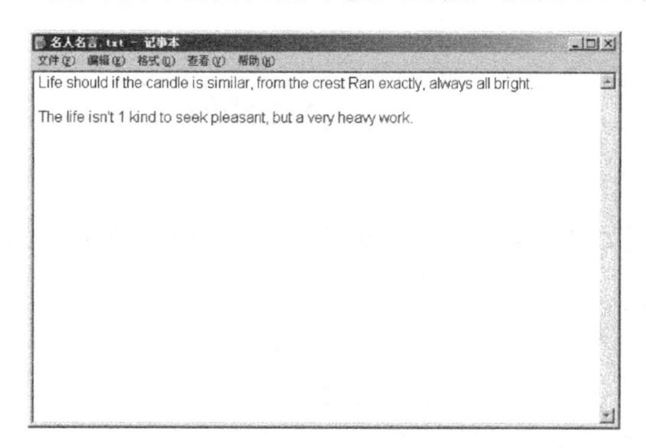

图 3-96　翻译后的文档

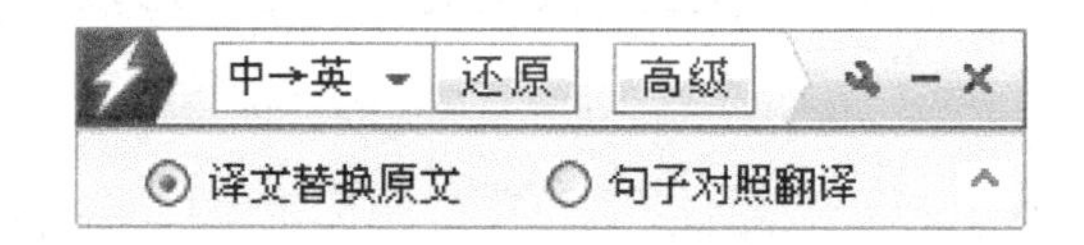

图 3-97　翻译模式

（5）选择“句子对照翻译”单选按钮，文本将变成如图 3-98 所示的效果。

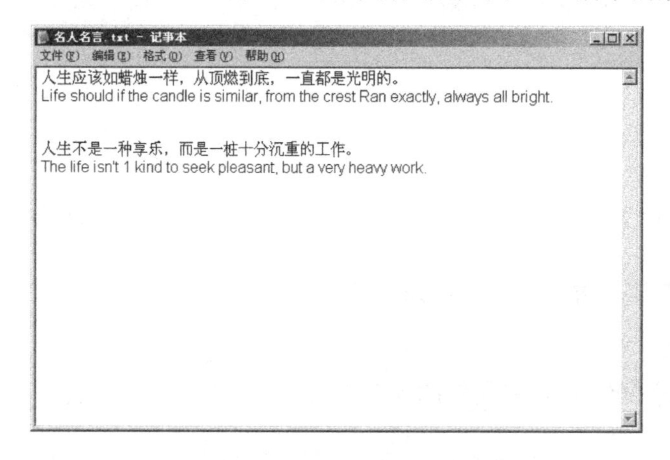

图 3-98　“句子对照翻译”模式

2．高级翻译

（1）启动金山快译，单击操作界面上的 高级 按钮，打开高级翻译窗口，如图 3-99 所示。

（2）在内容输入区内输入用户需要翻译的内容，如图 3-100 所示。

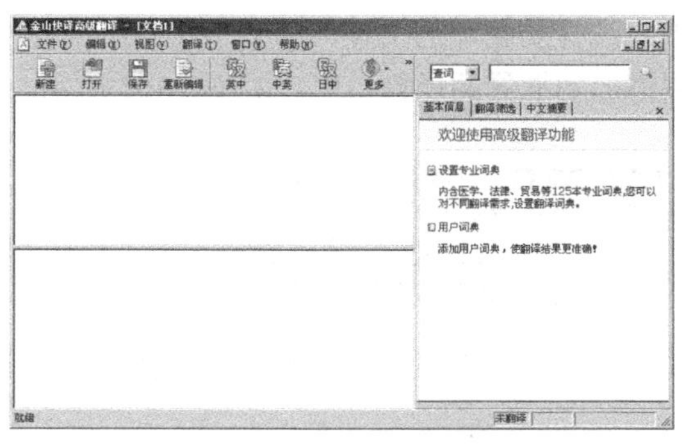

图 3-99 高级翻译窗口

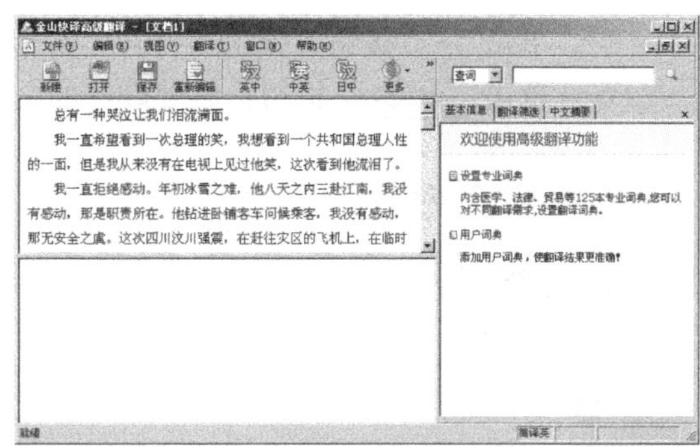

图 3-100 输入翻译内容

（3）单击 按钮，可将输入的中文内容翻译成英文，如图 3-101 所示。

（4）当翻译语句有多种翻译结果时，鼠标指针移过该翻译内容，文本将变为蓝色，用户可单击该内容，弹出更多翻译结果，如图 3-102 所示。

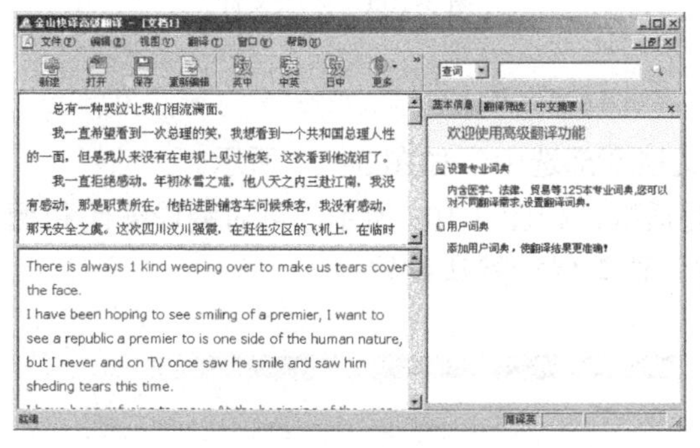

图 3-101 翻译结果

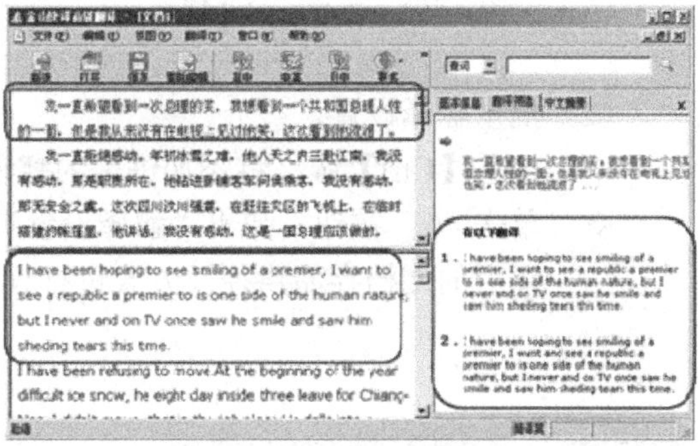

图 3-102 更多翻译结果

3．批量翻译

（1）添加翻译文件。

✧ 启动金山快译，单击操作界面上的 按钮，在弹出的下拉菜单中选择【工具】→【批量翻译】命令，如图 3-103 所示，打开批量翻译窗口，如图 3-104 所示。

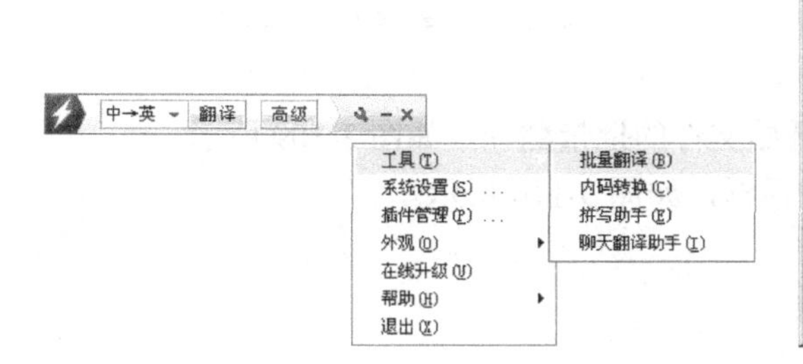

图 3-103 选择“批量翻译”命令

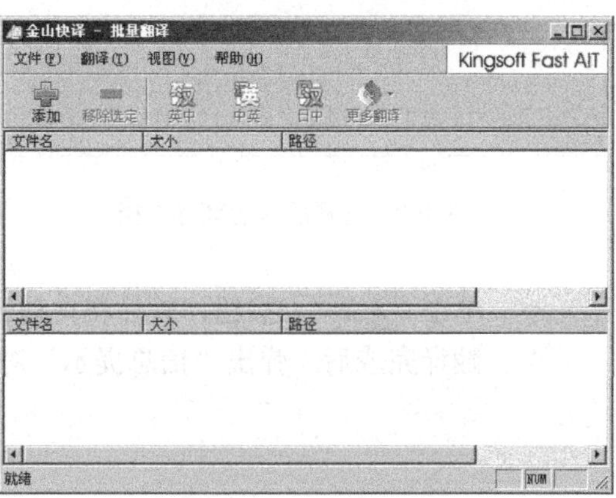

图 3-104 批量翻译窗口

✧ 单击 [添加] 按钮，弹出“打开”对话框，选择要翻译的文件，如图 3-105 所示。

✧ 单击 [打开(O)] 按钮，将要翻译的文件添加到批量翻译窗口中，如图 3-106 所示。

图 3-105　选择多个文件

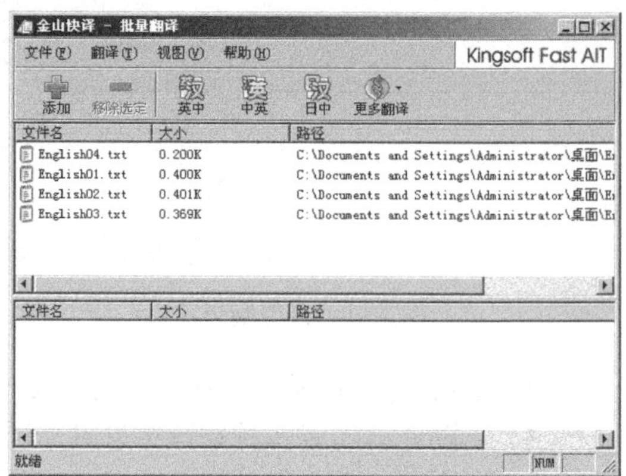

图 3-106　添加文件

（2）批量翻译设置。

✧ 按住【Ctrl】键，将添加进来的翻译文档全部选中，如图 3-107 所示。

✧ 单击 [英中] 按钮，弹出“翻译设置”对话框，如图 3-108 所示。可对翻译编码和翻译后的文档存储路径及方式进行设置，这里保持默认设置。

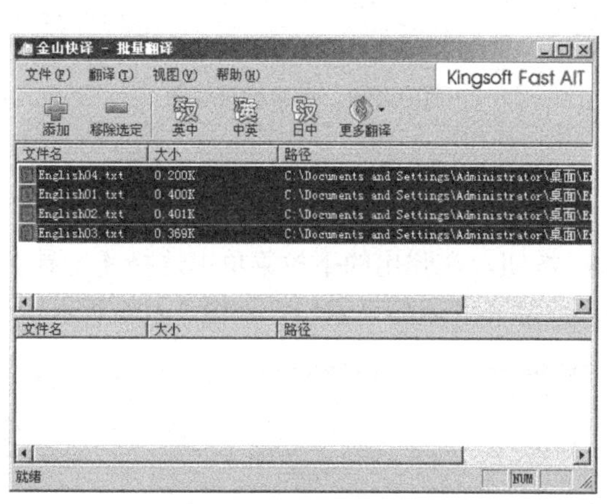

图 3-107　选择所有的翻译文档

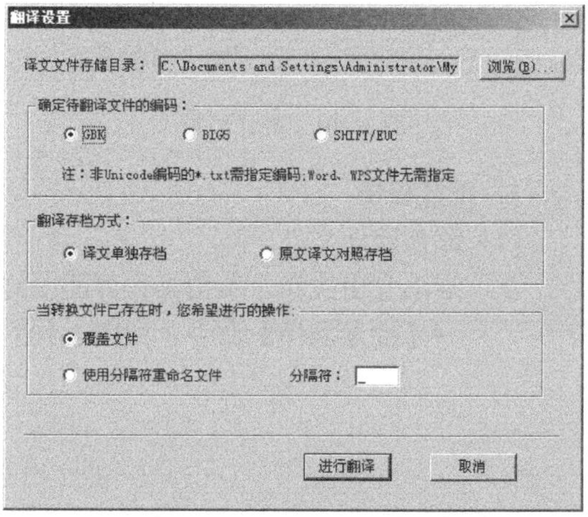

图 3-108　“翻译设置”对话框

✧ 单击 [进行翻译] 按钮，软件将自动开始文件的批量翻译，如图 3-109 所示。

✧ 翻译完成后，弹出“信息提示”对话框，如图 3-110 所示。

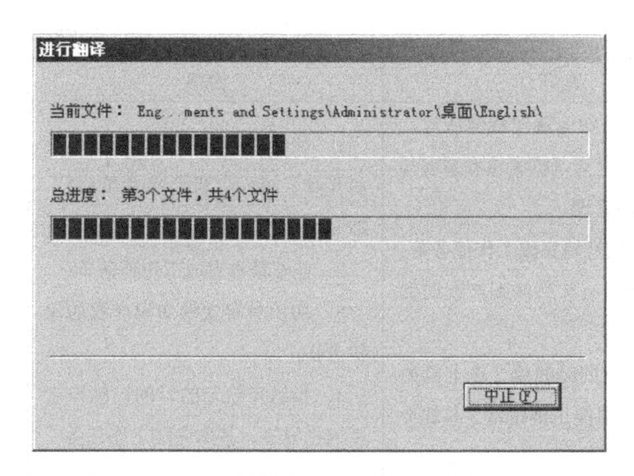

图 3-109 正在翻译

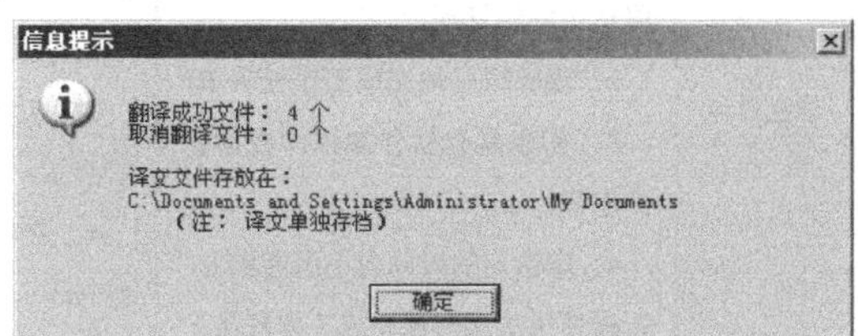

图 3-110 “信息提示”对话框

✧ 单击 确定 按钮，完成翻译。翻译后的文件就会存放在指定的路径中。

[工作任务单]

工作任务 3 使用翻译工具

任务名称	使用翻译工具
任务描述	1. 通过讨论，制定为说明书进行翻译的工作方案。 2. 学生通过上网查找资料，了解翻译工具，掌握其使用方法
学习目标	知识目标： 了解翻译工具的主要功能。 能力目标： 熟练使用灵格斯、金山快译等工具软件
考核内容	1. 上网查找“翻译工具”的资料并整理。 2. 使用灵格斯、金山快译等工具软件
工作过程	1. 上网查找“翻译工具”的主要功能。 2. 常见的翻译工具有哪些？ 3. 使用灵格斯将说明书进行翻译，将翻译结果截图上传。 4. 使用金山快译的高级翻译功能，将说明书中的注意事项进行翻译，将翻译结果截图上传。
本节课学习体会：	

续表

	优秀	良好	合格
学生自评	1．能够很好地遵守教学课堂、上机纪律，遵守《机房注意事项》，服从老师的管理； 2．能够很好地完成工作任务单； 3．初步具有软件知识产权的保护意识； 4．在给定的时间内小组能独立、正确使用工具软件完成工作任务	1．能够较好地遵守教学课堂、上机纪律，遵守《机房注意事项》，服从老师的管理； 2．能够较好地完成工作任务单； 3．初步具有软件知识产权的保护意识； 4．在给定的时间内，在老师的指导下，小组能正确使用工具软件完成工作任务	1．能够基本遵守教学课堂、上机纪律，遵守《机房注意事项》，服从老师的管理； 2．能够基本完成工作任务单； 3．初步具有软件知识产权的保护意识； 4．小组在给定的时间内能在老师的指导下，基本完成工作任务